U0452995

人文科普 —探询思想的边界—

JOE MORAN

If You
Should
Fail
A Book
of Solace

如果你失败了

[英]乔·莫兰 著
聂艺菲 译
陈慕尧 审校

一本安慰之书

中国社会科学出版社

图字：01-2021-2512 号
图书在版编目（CIP）数据

如果你失败了：一本安慰之书/（英）乔·莫兰著；聂艺菲译 .—北京：中国社会科学出版社，2024.6
（鼓楼新悦）
书名原文：If You Should Fail
ISBN 978-7-5227-3075-2

Ⅰ.①如… Ⅱ.①乔…②聂… Ⅲ.①成功心理—通俗读物 Ⅳ.①B848.4-49

中国国家版本馆 CIP 数据核字（2024）第 037589 号

If You Should Fail
Text Copyright © Joe Moran
First Published 2020
Simplified Chinese edition copyright © 2024 China Social Sciences Press.
Published under licence from Penguin Books Ltd. Penguin（企鹅）and the Penguin logo are trademarks of Penguin Books Ltd.
First published in Great Britain in the English language by Penguin Books Ltd. All rights reserved.
封底凡无企鹅防伪标识者均属未经授权之非法版本。

出 版 人	赵剑英
项目统筹	侯苗苗
责任编辑	夏文钊
责任校对	李 锦
责任印制	王 超

出　　版	中国社会科学出版社
社　　址	北京鼓楼西大街甲 158 号
邮　　编	100720
网　　址	http://www.csspw.cn
发 行 部	010-84083685
门 市 部	010-84029450
经　　销	新华书店及其他书店

印刷装订	北京君升印刷有限公司
版　　次	2024 年 6 月第 1 版
印　　次	2024 年 6 月第 1 次印刷

开　　本	880×1230　1/32
印　　张	6.625
字　　数	138 千字
定　　价	66.00 元

凡购买中国社会科学出版社图书，如有质量问题请与本社营销中心联系调换
电话：010-84083683
版权所有　侵权必究

献 给 乔

目　录

1. 趁早绝望，永不回望：
   为什么人们无法从失败中获益？　　/// 001

2. 不够，不够：
   为何你觉得自己是个骗子？　　/// 023

3. 梦见考试：
   我们所受的教育是如何给人失败感的？　　/// 053

4. 生活是地狱，但至少还有奖励：
   为什么回报永远都不值得？　　/// 083

5. 我们都不是普鲁斯特：
   失败就像生活一样多彩　　/// 119

6. 人性的曲木：
   或者为什么失败只属于人类？　　/// 155

7. 失败的共和国：
   为什么失败的感觉像回家？　　/// 189

尾注　/// 193

鸣谢　/// 205

1. 趁早绝望,永不回望
为什么人们无法从失败中获益?

"最持久的慰藉来自平视失败,

然后俯视失败,

而不是忽视失败。"

整个冬天他都在那里。每天早晨，一进入办公室，我都要去窗户那儿看看他是不是还在。我们大学对面的宾馆有一个封起来不常走人的门口，一位年轻的流浪汉在此"露营"——"**露营**"这个词用得实在是比较委婉了。

他几乎不可能找到睡觉更难受的地方了。门阶宽度大约是单人儿童床的一半，差不多是他身体长度的三分之二，这意味着他必须蜷缩着身体才能躺得下。门口没有门廊，所以唯一能用来遮风避雨的东西就是他的睡袋。下雨的冷天，他也只能这样凑合着睡，在雨水里变得越来越湿，越来越冷。十点钟左右，他会从睡袋里爬出来，穿着从没换过的脏迷彩服和派克大衣，站起来抖抖自己。有时，一位好心的服务员会给他拿来酒店早餐剩下的冷面包，然后他坐在那里，慢慢地、哀伤地嚼着它。

我在一所市区的大学工作，它以前是一所理工学院，学校的楼宇都是临时建成的，散布在一座英国海滨城市的中心。学校没有石墙和门房掩映的回廊和庭院，它甚至都不是一个边界明晰的校园。因此这座城市存在的各种问题，我们都可以近距离地观察到。有一天加班之后，我在前厅入口看见一个半睡半醒、呻吟着的男人。从我办公楼到停车场的路上随意丢弃着其他流浪汉留下的东西——廉价的帐篷、潮湿的羽绒被、空瓶子等等。在我的办公室里，我可以听到街上的喊叫，人们在为这个世界困惑地哭泣着。

你会学会忽视他们的。像大多数人一样，我有一套高效的精神过滤系统，把自己和他人的生活隔离开，正如那句中国俗语所说的一样,"隔岸观火"。但是这个年轻人不知何故没有被我过滤掉。在这个城市那么多的废弃走廊里,他恰好选择睡在了我的办公室窗户对面的那个。我们似乎被彼此的视线偶然地联系在了一起,即使他从未抬头看过我。每天早晨,仿佛他的生活是一部意大利新现实主义电影,而我的窗户就是屏幕,他在为我播放这则小小的城市寓言。

他不睡觉时通常会读一本书,尽管他离我太远了,无法看清读的是什么书。他会花几个小时阅读它,然后消失在某个地方,离开他的睡袋和行李。第二天早上,当我进入办公室时,他又会出现在那儿。

这事本应该无足轻重才对。但是对我来说,那本书使他充实了,让他看起来更像是我所教的学生之一。我觉得只要给他一张能够刷进教学楼的卡,他就可以变成这所学校的学生之一。有了那一小张长方形的 PVC 卡片,满足入学条件,又付了学费时,他就可以享受课堂友好的氛围、安静的图书馆和咖啡厅令人愉悦的交谈声。他本可以进入我的一个班里,分享他对那本被读得卷了边的平装书的想法。但是,现实中的他,在英国北方寒冷潮湿的冬季,却坐在门外。

我自己的 ID 卡装在一个塑料夹子里,用编织挂绳系在脖子上。这是一张神奇的入场券,只要在大楼门口的扫描仪上一抖手腕,我就会被识别成被欢迎的人。它让我可以进入一栋楼里,我在这里有自己的办公室,在员工厨房的架子上有自己的杯子,拥有贴着我的名字的信箱,还有认识我并且期待我出现的人们。穿过那扇门是我一天中的第一个,有时也是唯一的成功。它告诉我,我是进入这栋建筑物的合适人选——从这个基本层面上讲,我不是失败者。

不过,我知道我只是一个工资单上的编码。如果我经常让雇主不满意,我的挂绳就会被取走,然后被扫地出门,再也听不到这种令人愉悦的芝麻开门般的咒语。看着那位流浪汉,我在想,使我们成为工薪人士的这层保护膜是多么脆弱。我一直想着达娜·斯皮奥塔(Dana Spiotta)小说的第一行:"生活中很容易失去祝福。"

* * *

近年来,像这样无家可归的年轻人在英国的街道上成倍增加:他们一般出现在有盖棚的超市入口、停车场的楼梯间、百货商店的壁凹里,裹着毯子,缩在背包、塑料提篮和硬纸板中。最近,我在我们大学图书馆的门厅里看见一场关于无家可归的艺术展览。其中一个展品是一张瓦楞纸板,被雕刻成一个面带表情的男人的形状,他俯身伏在地板上。这件展品没有标题,也并不需要标题。

通常很难判断这些杂物堆里是否有人。有时,你会看到一颗头从杂物中戳出一半,昏昏欲睡,表情茫然而空洞。有时你又看不到有人,因为杂物堆的居客短暂地离开了一会儿。我这个爱管闲事的路人有时候会多看几眼,短暂地思索一下里面到底有没有人,而大多数人走过去瞥都不会瞥一眼。我们所有人都认为这流浪汉是一个曾经有名字、有家庭、有经历的人，不知怎的沦落于此，身体酸痛，以天为盖，以地为庐，唯一用来遮风挡雨的是一道门楣，而那扇门却从不会向他敞开。

这位年轻人在旅馆门口住了一个月后，另一个名叫久拉·雷梅斯（Gyula Remes）的匈牙利流浪汉在伦敦市中心死去了。在高等法院裁定驱逐流浪汉为非法行为之前，欧盟地区的流浪汉很少寻求帮助以解决住所问题。雷梅斯死亡时43岁，比英格兰无家可归者的平均死亡年龄年轻一岁。从威斯敏斯特地铁站通往国会大厦的地下通道是流浪汉聚集的地方，他是今年在那里死去的第二个人——他死了几个月之后，那里被安上了卷帘，所有的流浪汉也都随之被赶走了。

也许国会议员们从窘迫的流浪汉身边走过时，如此司空见惯、熟视无睹，是一件很令人震惊的事。但是这也可能并不那么令人惊讶——因为我们其实和国会议员没有那么不同，也会将视线从人行道另一侧的窘相中移开。那些流落街头的人被忽视，仿佛不是正常人类中的一员。这就是为什么其中一些人只敢窘迫地轻声说话，而另一些人却敢大声喧哗。他们被视为失败者，不被官方认为是值得援助和同情的人。这意味着他们是事实上的贱民，结束生命的时候与街上的一堆破烂无异，作为人的尊严得不到保障，这比伤心欲绝还要糟糕。这是一种耻辱。

我们自己讲述和编造的流浪汉的故事常常是关于他们有多么失败。我们认为，流浪汉一定是做了一些愚蠢或自我毁灭的事——也许是饮酒、吸毒或家破人亡，所以他们才来到这个可怜的地方。将某人归为失败要比找到和他之间的共同点容易得多。我们有一种微妙却黑暗的想法——他们的失败是他们自己的问题,正如平静海面上一只废船由于它自己功能失灵而缓缓沉下。

* * *

关于失败的终极奥秘就是,它是我们自己的错。古希腊人的失败是狂妄自大的结果,即人类对众神的蔑视,是复仇女神尼米西斯(Nemesis)的反抗。伊卡洛斯(Icarus)在地中海溺水,是因为他的僭越——他本不该用蜡糊的翅膀飞得离太阳那么近。西西弗斯(Sisyphus)因其欺骗行为而受到惩罚,不得不将一块岩石推上山头,然后再任其滑下,周而复始。在我们最古老的故事中,瘟疫、歉收、不育,从来不是偶然的灾难,而是出于神明的惩罚。

狂妄自大和因果报应变成了关于罪恶和诅咒的宗教观念,或者恶有恶报的宇宙平衡法则。印度教关于业力的概念中有一套与犯罪有关的量刑标准:诽谤者重生会带有口臭,重度饮酒者来世牙齿变黑,小偷的下一世会身无分文,喜欢传播流言蜚语的人即使讲的是真话也会失去众人的信任。

人类对故事的渴望和将生活提炼成寓言的需要,不仅仅是一种宗教冲动。即使在我们所处的这个几乎没有神灵的世界中,受害的人们仍然被认为是罪有应得,并且他们也常常会归因于自己。成功人士仍然担心,出于命运的公平原则,以后他们将不得不经受厄运。在这种正义世界的谬论的背后隐藏着一种以为世界是处于某种控制之下的幻觉。我们需要感觉到，我们对人生的某些未知过程是有一定控制力的。我们总是想象这个世界在乎我们的遭遇。而当我们发现事实并非如此时，我们决定也要让世界失望。我们宁可认为是复仇心强烈的上帝正在惩罚我们，也不愿相信天地不仁，我们不过是在宇宙中孤单地漂流。

《约伯记》中有一个关于失败的更真实的例子。约伯是乌兹最不幸的人。大火、狂风和来自沙伯与迦勒底的暴徒们夺走了他所有的牲畜、仆人和孩子，然后，当他仍在念着主的名字祈祷祝福时，他又得了"从脚掌到头顶的讨厌的疮"。约伯的三个"朋友"——以利法、比勒达、琐法坚持认为，他是触犯了神的愤怒，才遭受了如此的毁灭。但是约伯没有做错任何事。上帝只是在炫耀他的无所不能。约伯接受了"赏赐的是耶和华，收回的也必将是耶和华"。在这本书的最后，作为对这种坚忍精神的回报，上帝使约伯恢复了他的富足生活——使他拥有美丽的女儿和新的财富——而这种赐予与他的剥夺一样轻率。

失败正如《旧约》中的上帝一样会大显身手。就像基督教中关于恩典的概念一样，失败也将随意降临到应得它和不应得它的人身上。如同上帝的恩典一般，失败并不根据公平法则运行："**为了上帝的旨意，我就去那里吧。**"失败无声无息地降临在那些"挡它道"的倒霉蛋身上，而我们这些幸运儿就像约伯的安慰者一样寻找一些解释，以说明为什么这种情况没有发生在我们身上，或者担心着我们可能就是下一个。

西格蒙德·弗洛伊德（Sigmund Freud）的重大发现之一是，

羞耻感与实际的过失无关，而与对失去他人之爱的恐惧有关。失败的耻辱具有感染力，它可以自我复制，扭曲现实。它可以无休止而无意义地传递下去，精神错乱随之而来。我们从流浪汉身上挪开视线，因为我们担心他们的痛苦是有感染力的——他们携带"失败"这种致命的且可能会传染给我们的"病原体"。同时，我们尝试积累抗体增强对"病原体"的免疫力，这种能够百分之百发挥免疫效力的抗体就是成功。

但这是无法实现的。朱迪思·巴特勒（Judith Butler）在其《不稳定的生命》一书中指出，人类通过彼此共同的脆弱性紧密相连，即使与我们从未遇见过的人也是如此。她写道，我们只拥有一具柔软、灵活、终会腐朽的凡人身体，而这使我们脆弱。我们的皮肤和肉体不仅使我们暴露于来自他人的细菌，还暴露于他们的爱、欲望、愤怒，以及他们的暴力和凝视。人类不可避免地是社会生物，充满了七情六欲。来自我们物种另一成员的轻轻一瞥或者点头，就足以使我们受伤不已或欣喜万分。巴特勒将我们共同的脆弱性称为"危险"（precariousness）。

非洲南部的班图语中还有另一个词：Ubuntu。Ubuntu 并不容易翻译。它的大意是，一个人的自我是从他人那里借来，并要再借给他人的，你通过他人成为一个人，随着他们的衰弱你也随之衰弱。你的生活不仅仅是自己的。每个自我都不是铁板一块，同时也是其他自我的一部分。你的失败属于其他所有人，正如其他人的失败也都属于你一样。我们互相成就，互相补充。

我们再也无法逃避失败，正如我们也无法完全免受来自其他人的感染一样，二者有着同一个原因：没有人能够使自己免疫于他人。我们喜欢把自己看作是独立实体，失败抑或成功是由我们自己所导致的。失败是我们希望永远不会感染的病毒，但是它的变种毒株是如此之多，我们无法无限期地逃避它。迟早有一天，就像人生中的一次"水痘派对"一样，每个人都会感染上来自其他人的失败。

* * *

我也一定担心过那个流浪汉的失败会传染给我——因为几个星期过去了，我从未走过街道去帮助他。我以惯常的宽恕宿命论为自己的惰性辩解。我告诉自己，当他不寻求帮助甚至也没管别人要过零钱的时候，我是无能为力的。

最后我在网上找了一个附近的夜间庇护所。庇护所的志愿者会在街上寻找流浪汉，并邀请他们去铺着免费防潮垫的温暖宿舍里栖息。我给他们打电话并给了地址，然后第二天他就不见了。仅仅一次电话就消除了我无用的罪恶感，无须麻烦地和他交流。现在，他已经从我的视线中消失，变成了其他人的问题——也就是变成了其他人的失败。

但是那个年轻人和我没什么不同。当我透过窗户看着他的时候，有一件事我相当确定：我们俩都觉得自己像失败者。一年下来我的工作几乎没有任何成果，写下的东西也没法进行挽救或重复利用；我所能做的就是走开然后继续前进。正如我们失败时经常发生的那样，我开始在脑海中重播我人生中所有其他的失败。我成了一名拥有奇怪控制欲的导演，在我大脑的剪辑室里将我自己的一生剪辑粘贴，制作成了一部漫长的电影，播放的全是失败的画面。

我既不像伊卡洛斯那样暴躁，也不像西西弗斯那样充满罪孽。我的失败也不能被重塑成英雄传说。它与注定要失败但依然充满英雄主义浪漫地骑马冲锋的英国军队将领，或在青年时期大放异彩却在刚入中年就转而颓废的美国男作家身上的那种浪漫主义式的理想破灭毫无相似之处。我并不具备如此悲剧性的高贵品质，也没有经历过如此诗意的殉道。我没有在酗酒中消磨才华，也没有在自我满足和宏大的幻想中滥用它们。我像往常一样孜孜不倦地工作，一直就像从前那个对学习满怀热情、总是在课上第一个举手的男孩一样。可我却依然失败了。就创业来说，我"**成功地**失败了"，努力地做了一个项目结果却发现没有人想要我的产品。

由于某种原因，这种失败对于时间和精力的消耗更加令人羞耻。我一无所有，这不能怪任何人。失败不是我的错，也不是任何人的错。除了它在我心里不停盘旋之外，它也没产生任何外部影响。我这一年的失败和其他人都没有关系，也不值得其他任何人关注。它没有引起公众谴责或任何惩罚；也没有人减少一丁点对我的喜爱。

与那个流浪汉的痛苦相比，我似乎是在无病呻吟。我的生活并非充满诅咒或困扰——平凡，失意，毫无回报，不过是充满了错失良机和错误选择的普通中年生活。现在我继续前进，但却丝毫看不到希望。我知道把自己归于失败，在别人看来就像是反向的自大，因为这意味着我认为自己没有获得应有的成功。我也知道，这种想法隐含着一种幻想带来的苦涩，这也是一种失败的体现。大多数失败别人是不能理解的。当我们将这种无法言说的情感状态倾泻给他人时，别人也肯定会认为这是一种失礼。

然而失败是实际存在的。心理治疗师亚当·菲利普斯（Adam Phillips）写道："我们与我们没能成为的人们共享人生。"[1] 当我们失败时，我们为那些我们从未经历过的生活而感到难过——我们失去了那些只有在想象中才曾得到的东西。我们惋惜的事物从不会逝去，因为它们从未存在过。当我们陷入渴望与成就之间无法逾越的鸿沟中时，我们就觉得自己失败了。失败比单纯的失望更加糟糕，失败使我们的梦想陷入绝境。这是一种对我们编造出来的自我幻想的一次令人羞愧的清算。

* * *

进入千禧年之际，许多第一代互联网企业家成为互联网泡沫破灭的受害者。他们通过在线提供免费服务而赢得了市场份额，希望以后能从中获利。那时，股价持续上涨——这是经典的股市泡沫；之后，泡沫破裂了——这是它的宿命，于是创业公司就破产了。当公司创始人在 2005 年左右重新组建新公司时，他们已经从失败中重新吸取了教训。在"失败大会"（FailCon）和"糟糕的夜晚"（FuckUp Nights）之类的演讲秀中，他们分享失败的故事以及从失败中汲取的教训。在硅谷西部新的荒野中,他们重新提起了那个美国神话——支持前辈们艰苦跋涉穿越整个大陆,发掘出原油和康斯托克矿脉的先驱精神。我们最古老的神话讲述的都是同一个故事,英雄在史诗般的旅程中,经受了极限的考验并永远地发生了改变。英雄的成功之道是面对失败依然坚持不懈。

由风投机构投资的初创公司尚不知道其客户是谁或他们想要什么;它的任务是在钱用完之前迅速找到答案。那么,早日证明一个想法行不通是有益的。速败,早败,常败。失败并软着陆。在你的第一家创业公司犯完错误后重新开始。在硅谷,即使在现实世界中失败仍然意味着投资亏损和员工失业,成功的巨大回报也使这种失败成为一种可以容忍的风险。

这种"失败是福"(failing well)的精神很快就传遍了整个科技领域。2011年,《哈佛商业评论》用了一整期的篇幅来讨论失败的问题。美国的大学开始开设有关自我能力否定倾向[1]、完美主义和应对失败的课程。个人成长行业发展出了"失败的智慧"这个子行业——《失败的礼物》和《失败的成功面》等诸如此类的书籍,以及那些演讲者头戴麦克风、不带笔记、在舞台上走来走去的励志演讲,告诉您成功从失败开始。

我们有时候的确可以从失败中学习,而且我想说,这比"绝不允许失败"的大男子主义更好——每每提及这句话时就会招致

---

[1] 自我能力否定倾向(Impostor syndrome)指个体按照客观标准评价为已经获得了成功或取得成就,但是其本人却认为这是不可能的,他们并不真正地具备这种能力。——译者注(如无特殊说明,本书脚注均为译者注。)

失败，即使它的意思是不允许失败。就像"别想那只大象"这条悖论式的命令总是无法成功一样。但是"失败是福"运动常常会屈从于陈词滥调的积极性。它是我们这个新普罗米修斯时代[1]的一个症状，盲目地相信我们能永久性地重塑自我。在"失败是您最好的老师，让失败成为您的燃料，将失败变成养料"这句可爱的格言背后，隐含的是对炼金术的一厢情愿，觉得将失败作为基础原料总是能炼成成功的黄金。

在我自己失败的那段时间，我不断看到一位流行音乐家自传的海报广告灯箱，广告上有来自书中的一段话。它写道："我失去控制并沉沦的那几年也许是值得的，因为之后我重塑了自己，得到了一个更好的我。"无论是在公共汽车站还是火车站，这则广告似乎在我身边随处可见。我开始认为这是对我的一种暗示。一个这么成功的人讲关于失败的话显得是如此奇怪，他的陈词滥调贴得到处都是，连公交车站的背灯广告上也有。

我不希望将失败变成人生的教训，尤其因为正如弗洛伊德主义者所说，它似乎是"过分确定的"，失败的原因可以是多元且相互渗透的，其中任何一个都足以导致失败发生。我不想听到诸如"失败使人完美""失败是一种延迟而不是彻底被击败""失败只挫败失败者，能被其激励的才是成功者"或者"失败是擦伤而不是文身"这些说法。如果我们只是这样看待失败，认为它只是成功的前一步，那么它的优点就会被夸大，而它带来的痛苦将变

---

[1] 普罗米修斯盗火而反叛了宙斯，此处意为"富有反抗精神的"，指人类不接受失败而试图将其变成成功。——编者注

得微不足道。

一位英国科学家获得诺贝尔医学奖后的第二天,《自然》杂志曾经给他的一封拒绝信就开始在社交媒体上流传,并附带着一条推波助澜得恰到好处的评论:"相信自己,所有其他人最终都能实现目标。成功最终将找到你。失败是成功的垫脚石。"

但这些话都不是真的。相信自己并不总是会让别人相信你。成功不一定最后总能找到你。失败并不总是成功的垫脚石。最同心协力的努力也会失败;曾经最金光熠熠的生活只剩下残破的梦想和无用的遗憾。在任何比赛中,我们大多数人都只是陪跑。失败总是有可能发生的。这不过是统计概率、基础算术和数字游戏——请回归现实吧。

* * *

"曾经尝试过。曾经失败过。没关系,再试一次。再次失败。更漂亮地失败。"在过去的几年中,塞缪尔·贝克特(Samuel Beckett)的话语已经成了陈词滥调。茶巾、帽衫、杯子和苹果手机壳上,到处都是。理查德·布兰森(Richard Branson)在他写的关于维珍航空企业文化的一篇文章中引用了他的话,并补充说,它们"可能真的很容易脱口而出"。网球运动员斯坦·瓦林卡(Stan Wawrinka)在左臂上将这些话刺作文身。2014 年,哈佛商学院出版了《失败:明智的失误通往更快的成功》一书,讲述了如何通过"更好的失败的思维定式"来确保"充分利用每一次失败"。

贝克特肯定会像我一样那么讨厌"**思维定式**"这个词。无论它能够使我成功还是失败，我都不希望自己的思维成为定式。我希望它是多元、灵活、有说服力的——即使那意味着有时似乎三心二意或犹豫不决。除此以外都意味着想象力的失败。

一定程度上这都是贝克特的错。他曾经短暂地从事广告文案工作，并且很善于创造洗脑的广告歌和广告语。"更好地失败"（fail better）这个词最早出现在他晚年的短篇散文集《向着最糟去》里。在令人疲倦的重复和无动词的句子里，这个词显得格外亮眼。这里并不是说我们需要根据上下文语境理解这个词，只是我们需要稍微了解一点塞缪尔·贝克特的表达风格。

贝克特年轻时非常亮眼。他在学校担任板球和橄榄球教练，在都柏林大学圣三一学院获奖并拿到奖学金。他获得了年级第一名，并在毕业时获得了现代文学的金奖。他先是在法国知识精英云集的巴黎高等师范学校任教了一段时间，之后被任命为圣三一学院的讲师，年仅24岁。

但是讲师贝克特却将自己视为骗子。他认为把自己都不怎么了解的东西教给别人真的是非常荒谬。他患上了一系列由精神压力导致的疾病，包括头痛、囊肿、失眠，并在任教刚刚超过一年后就辞职了。他私下在给一位朋友的信里写到即将取代他位置的"迷人的金奖得主讨厌鬼"[2]。但这掩盖了他对于让家人感到失望的深切悔恨，在这之前他的家人是如此为他的成功感到骄傲，尤其是他的父亲。他辞职后18个月父亲就去世了，对此贝克特一生都无法释怀。

从那时起,贝克特开始遵循他曾经在写给作家艾丹·希金斯(Aiden Higgins)的便条中的建议:"趁早绝望,永不回望。"[3] 他在黑暗中缩在床上好几天,面对墙壁,被子盖在头上。他的第一本书《梦中佳人至庸女》[1] 被他寄给的每一家出版商拒绝,直到他去世后才出版。他从其中挽救回来的作品《徒劳无益》仅售出了几百本。他的下一作《墨菲》则是由他尝试联络的第43家出版商出版的。

贝克特在1949年写道:"成为一名艺术家就意味着失败。失败就是他的全部,以及从这样的荒芜中退缩,艺术和手工艺,良好的家务管理。"直到20世纪40年代后期,他才由于《等待戈多》慢慢走红,逐渐有了名气。但他说,他仍然更加习惯失败,他的整个写作生涯都"深呼吸着失败带来的活力空气"。[4]

贝克特的工作仍然围绕失败这个主题继续着:我们的身体失败于无法遵从我们的指令,语言失败于无法填补我们之间的沉默和迷惑,人生的失败则不限于一堆令人沮丧的时刻,别人则失败于为他们自己的噪声所淹没,无法注意到我们的痛苦。对于贝克特来说,在我们抵达业已注定的命运之前,生活的主体就是荒废时间。人生就像国际象棋比赛的终局,失败的玩家挣扎着挪动棋子,而将死已不可避免。"你根本,"《残局》中的哈姆哭喊道,

---

[1]《梦中佳人至庸女》是贝克特用英文创作于1932年的长篇小说处女作,他称之为"我的奇思异想收纳箱",却屡遭退稿,直到他去世之后的1992年,该书才在他的祖国爱尔兰首次出版。

"就没有办法解决那问题!"

"更好地失败"听起来还不像鼓舞人心的话吗?《向着最糟去》的暂行名称是《虽然更坏,实际更好》。贝克特引用了埃德加在《李尔王》中的台词:"这并不是最糟糕的/只要我们还能说'这是最糟糕的'。""更好地失败"这个词就像贝克特的文章一样,就是一连串重复的话。它循环往复,无法前进,就像停滞不前、非常吃力的生活一样。"更好地失败"并不意味着"继续尝试",甚至不意味着"下次失败得不那么灾难性"。它只是意味着当你知道自己会不断失败时,你必须忍耐继续前进,将自己的身体强行拖入新的每一天。"步伐沉重地前进,永不后退",正如《向着最糟去》里一些不那么出名的台词所说的一样,"慢慢来,永远不要停顿,永远不要后退"。[5]

因此,贝克特印在托特手提袋上的短语"更好地失败"本身就失败了,因为它现在被理解的意思恰恰与其本义相反。贝克特总是预期着失败,他的内心是一个喜剧演员,无疑会认为这很有趣。在被《泰晤士报》问到他对1984这个不祥之年的新年愿景时,他在一封电报中回答道:"愿景:零。希望:零。"[6]

* * *

有一句古老的意第绪谚语:"贫穷不是耻辱——面对贫穷你只能这么说。"失败也是如此。没什么可羞耻的,但是也没有什么值得庆祝的。通常,失败只是浪费了时间,而我们凡人都不曾有过充裕的时间。没有人应该忍受被浪费时间,比如说被迫听一场关于失败多么有益于灵魂的布道。如果失败只是使我们走向伟大的火箭助推器,那么我们根本就不会再谈论失败了。

"更好地失败"的作用是感性的。像所有的情感一样,它将特定事情带来的不适转换为令人舒服的概念。它具有普遍化的形式,可以治愈真实的失败所带来的孤独感和痛苦。它根本不会帮助我们解决有关失败的棘手且无法回答的问题,比如何时重新骑上把我们摔下的马匹,何时骑上另一匹马以及何时彻底放弃骑马。

"更好地失败"运动号称可以消除失败的污名,但是失败仍然在我们曾摆脱它的地方。我在今天的报纸上读了一个前肥皂剧明星的故事,他在一家折扣超市"担纲新的角色",实际上是做了保安。这不过是大家喜闻乐见的小报故事,过气明星在酒吧打工或者在杂货店收银。虽然这个故事从来没有指出过演戏是不稳定的职业,从来没有承认过自由职业通常意味着可能要做其他工作来支付账单和购买食物,从来没有表示这样做可能是必要的,甚至是体面的。但故事隐含的意思很明确:肥皂剧明星做保安员是失败的。

耻辱依旧与失败息息相关。这就是为什么我们要如此迅速地将它变成其他东西,以逃避被人拯救带来的羞辱。我们应该学会忍受失败一段时间。这可能使我们思考成功的真正意义和为什么有人误以为失败是解决困难的答案。

成功使我们分裂。为了寻找它,我们在生活中全副武装,仿佛开着坦克四处征战。在坦克里,我们尝试做着两件不可调和的事情：与他人竞争并赢得他们的认可和爱戴。失败使我们失去所有具有杀伤力的子弹，一枚不剩。它使我们更加温柔不设防，对世界和他人更加开放。它教会了我们身为人类意味着什么——容易犯错，并不理性，充满了堂吉诃德式的荒谬计划和令人发笑的错误。它使我们摆脱了如同仓鼠轮子般的来自他人的无休无止的期望。它激发了我们的谦虚、同情心，并让我们意识到生活是一场赌博，有无数种生活方式能过得很好。失败不是成功的反相，不是黑色的照相底片，其本身就蕴含着丰富的现实。这也是一种知识，因为它不是我们能刻意习得的，所以更加有益。

＊＊＊

沃尔特·惠特曼（Walt Whitman）在《自我之歌》中吟唱道"向失败者致敬"。对于世界上所有的失败，他献上一座"覆盖着桂冠的丰碑"和一份"同样丰盛的餐点"。惠特曼写下这首诗时，他也是失败的，前途未卜，而且大部分时间游手好闲，无所事事。诗的开头是对不屈不挠的自我的赞美诗："我歌颂自己。"但它随后却变成了对伟大的人类归属——失败的颂歌。我认为当失败从现在式变成过去式时，更容易面对一些。**经受失败**的感受就是像自由落体一样狠狠地受伤。但是**失败过后**，经历了落差，知道不能变得更加糟糕了，就会觉得还不错。当失败尘埃落定的时候，它就会开始自我洞察。我们不再撕扯自尊心上的伤口，对我们来说说这极其痛苦，对其他人来说却是微不足道的。我们开始明白失败不是隐秘的耻辱、一不小心可能染上的疾病、鞭策我们完善自己的动力,而是与无数其他失败者连接的纽带。

这本书适合任何曾经对自己说过"我是个失败者"的人。正如惠特曼所写的,我期待所有人的到来,没有人被排除在外。毫无疑问,无论你表面上多么成功,认为自己是失败的就足够了。有时,只有认为"我是个失败者"的人,他的意见才最重要。失败是一种感觉,而不是一种事实——永远无法衡量失败的程度。

就承认了吧。"我是个失败者。"心理治疗师可能会建议您不要用"是"这个词,因为它带有不可改变和永恒持久的意思。但是,"失败"(failure)这个词软软的辅音和长而平滑的元音,与清脆坚定、读起来嘶嘶作响的"成功"(succeed)一词相比,难道不具有安慰人心的力量吗?只有自傲得无可救药的人才会说"我是成功的"。但是,就像你正在说的一样,很多人还是会说,"我是个失败者"。

对于那些失败的人,也就是我们所有人,我不会提供任何建议,只有安慰。安慰一词源于拉丁文的"solari",意思是抚慰。然而约伯的安慰者所提供的恰恰与真正的安慰背道而驰。它既不要求被安慰者从困境中学习教训,也没有向他们说教导致失败的原因。它从接受失败的现实开始,因为任何试图忽视现实的安慰最终都会使我们感觉更糟。

安慰是批评家劳伦特·勃兰特(Laurent Berlant)所说的"残酷的乐观主义"的解药。特定类型的乐观主义比悲观主义更为残酷,因为它们要求我们幻想一个根本不会实现的未来。相比之下,安慰更加实事求是。它使我们感到自己像失败者，而没有用浅薄的积极想法刺向我们的肋骨。安慰不是一种补救措施。与残酷的乐观主义相反，它不是善良的宿命论。它认为我们所有人都无法避免失败，就像我们都会直立行走和向下竖起大拇指一样平淡无奇。

* * *

安慰不会提供解药——只能提供给你几句话。然而，语言具有强大的力量。首先，它们可能就是让你感到失败的原因。如今，人们面对一些语言无法形容的事情时，总会说"尽在不言中"。但是我们总要说话，我们总能说出更漂亮的话。当人们精雕细琢，用既不陈词滥调也不违背现实的措辞来回应他人的失败时，他们往往会选择直截了当的方式。

如果你注定失败，即将失败，我希望接下来的文字能给您带来安慰。安慰之词不仅应提供抚慰，还应提供欢乐。"安慰"（solace）一词的早期含义是愉悦、欢乐、快乐（现在该词已不用于表达以上含义）。我也想以自己的慰藉之语为自己加油——但并不是要说假话。最持久的慰藉来自平视失败，然后俯视失败，而不是忽视失败，盲目给自己加油打气。我说，趁早绝望，永不回望。继续前进，永不退缩。失败的人们：向前！

2. 不够，不够
为何你觉得自己是个骗子？

"事业是表达对生活的热爱的最好方式。它不会使你免受失败的困扰，但它会给你一个唯一的目标。真正的满足感来自每天对事业的投入。无论你在事业上成功还是失败，你都在过着属于自己的日子。"

在伊索寓言《狐狸与葡萄》中，葡萄高高地挂在藤上。饥饿的狐狸竭尽全力跳过去想摘下它们，然后放弃了。他安慰自己，葡萄又涩又酸，没什么好吃的。从寓言中衍生出来的"酸葡萄"（sour grapes）这个隐喻，现在被用来指代某人是一个愤愤不平的失败者。但是伊索寓言里的"酸葡萄"代表的却是截然不同的东西，意思是我们要认为无法拥有的东西毫无价值。寓言中的葡萄并不是真的很酸。狐狸也并非愤愤不平，它很好地将自己的失败合理化了，这非常明智。故事的寓意是："有很多人假装鄙视和贬低自己所无法企及的。"但是我一直认为狐狸的态度肯定比那些事后抱怨的人好得多。

我患有另一种"酸葡萄"症。我是摘到了葡萄的狐狸，但发现它们确实非常酸涩。我非常热衷于贬低我所取得的每一个小小的成就，并且事后总觉得自己是骗子。在获得成功的时候，我不屑一顾。我认为，如果我能轻而易举地摘到葡萄，那它们就不值得一吃了。

当失败投来犀利的目光时，我也会迸发出一种神奇的想法，暗自希望自己获得成功。如果我的努力得到回报，我可以回过头来把失败的目光视为成功的重要养料。我认为，我能摘到那些葡萄的原因，只可能是我担心自己摘不到。因此，任何成就都迷信地事先就与失败联系在一起了。伊索寓言的另一种寓意是，人类与狐狸不同，已经发展出了无限的自我贬低能力。

成功总像是与我无关，我从来没有完全地成功过，这很容易被解释成偶然或阴差阳错。成功是人工做出的美黑，我披着它四射的光泽，而失败却是我真正的苍白肤色，蜕皮之后便会显露出来。成功是畸变，而失败是本我。成功友好可亲，却是陌生人；失败不受欢迎，却是老熟人；就像我无法与我的影子分离一般，我无法逃离这个恶魔。当失败来临时，我想：**你又来了。**

莎莉·鲁尼（Sally Rooney）在一篇有关她短暂的辩论冠军职业生涯的文章中写道："成功不是来自内心；成功是其他人给予你的，他们同样也可以把它拿走。"鲁尼于都柏林圣三一学院求学时遍游欧洲并参加各地的辩论赛，与许多其他国家的选手展开精妙绝伦的辩论。2013 年，22 岁的她在欧洲大学辩论锦标赛中名列第一。她喜欢比赛的律动，说话打着完美的节奏，仿佛爵士乐手即兴演奏一样，凭空拔出一个个锋利的论点击碎对手。

但是，她逐渐认识到，辩论比赛是一场骗子的奥运会。你必须假装对辩论主题深感兴趣，即使并不同意自己的观点，也要在比赛时装模做样。鲁尼写道："也许我停止辩论是为了看看我在没有得奖的诱惑时，是否仍有话要说。"[1] 成功似乎是假象，因为我们渴望它，从别人那索取它。追求它意味着放弃对生活的控制。

* * *

我的工作是收钱扮演学术专家，而这需要伪装。我曾经因为扮演成功未被发现而获得了多巴胺的暴击。我喜欢活在学术论文无所不知、极度专业的腔调中，或者站在讲台后面说出看起来很权威的废话，装腔作势。讲师讲课，教授教书。居高临下地装腔作势是工作规范。但是，我总感觉在玩一个很快就变得无聊的把戏。我厌倦了听我自己的声音胡说八道，或者看着我的句子变成一成不变的废话。我确实掌握了某种技巧，但也许并不比被囚禁的琴鸟多，而它只会模仿电锯或铃铛的声音。

我经常想或许我本是从街上随意溜达到教室里假装教他们的路人，就像那些假装外科医生做手术，或者是伪造飞行员执照开客机的骗子一样，这一点我的所有学生也都知道。告诉自己这听起来有多么可能是没有用的。通常没人假装自己是大学老师——一部分原因是一旦开始上课了，周围就没有麻醉师或者副驾可以帮忙了。现实生活中的骗子也喜欢穿着手术服或者飞行员制服，假装有巨大的权力与权威，这比溜进教室里讲现代诗歌有意思多了。

医生的回忆录里一般都有这样的片段：作为新手，刚开始被送进病房工作时，睡眠不足，缺乏经验，尽最大努力治好病人或者帮倒忙。而刚毕业的博士也只分到了一间教室和一些学生，就需要讲满几个小时。这两件事所面临的处境是一样的，只是我们成功或失败的风险都比较低。我们不治病救人，也没有人在紧急情况下催促我们。如果我们做了任何好事，效果都是隐蔽而滞后的。但是医护人员和讲师在一个方面又是相似的：他们都在扮演某个角色，并且常常觉得自己是骗子。"老师的影响是永恒的，他永远无法说出他的影响到什么时候结束"，亨利·亚当斯（Henry Adams）写道。但是他也永远无法说出它从哪里开始。教学意味着将一些转眼就会被忘记且无法被计量的东西教给一群近在咫尺的陌生人。在大多数情况下，就像大多数值得做的事情一样，它以失败而告终。

要是我的学生知道，尽管我有耀眼的教学才能，但这节课的讲稿是我一小时前才写完的，而且读这篇课文也只比他们早了两个星期就好了。要是我的学术同行知道，这片看似精密如铠甲般的论证和脚注实际上就像瘀血的皮肤般脆弱不堪，背后藏满了自我怀疑和困惑就好了。学术研究可以数月之久几乎没有明显的进展，这对于认为自己是骗子的人来说是个坏消息。而且即使完成后，研究也不一定永远可靠，随时可能会被证伪，所以有人可以随意指出我们论点的漏洞或其他我们未能阅读到的突破性论文。

学术界流行着一种做派十足的、挑剔的文化，总是有查阅不完的参考文献、查证不完的原始资料、思考不完的理论。我们得到的大多数反馈都是批评，完全的赞美是罕见的，我甚至长期以来一直怀疑它被认为是粗俗的。相反，学者们被教导要欣赏"批判性思维"，即对任何事物的认知都要保持无休止的怀疑。我们离被永远当成骗子只有一步之遥。

* * *

1897年1月，年仅32岁的马克斯·韦伯（Max Weber）被任命为海德堡大学名誉教授。他是一位杰出而多产的学者，之前已两次担任教授。他的父亲是一位政府官员，他从父亲那继承了严苛的职业道德感。父亲和他的关系一直不太好，在他搬到海德堡后不久就去世了。当韦伯的朋友警告他工作量已经超负荷的时候，他回答说，如果他不能以这样的强度工作，他不配被称为学者。

那年初夏，韦伯开始时不时哭泣，每次持续几个小时，这是精神要逐渐崩溃的第一个迹象。在接下来的两年中，他努力地履行教学职责。到1898年年底，他已经是如此的疲惫，以至于他在一次修剪圣诞树时彻底陷入崩溃。甚至看报纸也使当时的他焦虑不安，唯一能让他平静下来的是制作蜡像模型和玩儿童积木。他变得对噪音非常敏感，有一点点小事他都会发脾气。此时就连猫的叫声都能使他发疯，于是他的妻子玛丽安不得不把猫送人了。1900年夏天，玛丽安写道："对他来说，一切都太难以承受了；读书，写字，说话，走路或睡觉都很受折磨。他全部精神机能和一部分身体机能都失调了。"

韦伯之后住进了温泉小镇巴德乌拉赫（Bad Urach）的一家神经疾病诊所。这位曾是工作狂的学者现在整天躺在花园里或者在阿尔卑斯山中散步。玛丽安带他去意大利南部、科西嘉岛、罗马和瑞士度过了一个漫长的假期——但却一点用都没有。她称她的丈夫为"被锁链困住的泰坦神，邪恶和嫉妒之神正在折磨着他"。

三年来，他没有阅读，没有写作，也没有教学。只要一想到要修改基本得重写的学生论文，或者要在规定的时间讲课，他就承受不住。无所事事却领着薪水，这也使他感到羞耻。他两次向海德堡大学递交辞呈，但都被拒绝了。终于，在1903年10月，四年病假之后，他的辞呈被接受了。玛丽安写道："在他人生处于鼎盛时期的时候，韦伯发现他被驱逐出了自己的王国。"[2]

但是他也终于摆脱了折磨,继续开始写作。他想知道为什么他取得了如此高的成就,却感到内疚和恐惧。他开始思考现代资本主义与强迫劳动之间的关系。

韦伯在他1905年的著作《新教伦理与资本主义精神》中指出,宗教改革之后,英格兰、荷兰和新英格兰的新教禁欲教派中出现了一种新的工作态度。曾经赚钱被认为是罪恶,但新教伦理却把它变成了神的恩典。韦伯将这种学说的转变追溯至16世纪神学家约翰·加尔文(John Calvin)。加尔文不承认天主教中传统的犯罪、忏悔和赎罪的循环。取而代之的是,他将注意力集中在了极少的上帝选民身上,他们早已注定会被从永恒的地狱之火中解救出来。

韦伯对于17世纪加尔文的英格兰门徒理查德·巴克斯特(Richard Baxter)如何改良他的思想很感兴趣。加尔文的宿命论认为我们会被拯救或被诅咒下地狱,这是已经确定了的事情,而巴克斯特试图让这个观点变得缓和一些。巴克斯特认为,我们这一生的努力仍然可以取悦我们的造物主,而地球的存在就是造物主的恩典。工作驯服了人性中卑鄙和兽性的一面,使上帝在世俗王国繁荣了起来。虔诚的生活是积极的,而浪费时间是一种罪过。

在后加尔文主义的神学中,有罪的凡人们仍然不知道上帝选择了拯救谁。但是直到审判日来临之前,他们都至少可以试着在全知而沉默的上帝面前证明自己的美德,并在日常生活中寻找上帝恩典的迹象。他们可以通过努力工作来侍奉上帝,这可能就会和赚钱产生联系。不过,加尔文主义的禁欲主义并不鼓励将这笔钱用于琐碎的世俗娱乐。获利必须继续用于投资才能使上帝的领土受益。

对于韦伯来说，资本主义的动力是不断寻求更多的利润、新的市场和进一步的增长。资本永不眠。它的运行方式是积累财富，而不仅仅是满足我们当前的需求——财富要积累，世俗的享乐要被推迟，而这永无止境。获取利润的动机是永不满足的上帝，这使我们对自己永远不满意。那些担心自己是骗子的工作狂们正竭力试图证明自己是真正的选民之一，但无论工作量有多少都让他们觉得不够。他们正试图回答加尔文主义所无法回答的问题：我会得救吗？

***

意大利作家纳塔利娅·金茨堡（Natalia Ginzburg）认为自己一生都是冒名者。她于1916年出生，原名纳塔利娅·列维（Natalia Levi），是家里五个孩子中最小的一个。她的父亲朱塞佩·列维（Giuseppe Levi）是都灵大学的解剖学教授。他是一个专横的家长，每天早晨四点洗冷水澡，早餐吃自制酸奶，黎明时分跑步去上班，并责骂儿子不如他在学校时候表现出色。纳塔利娅小时候的生活里就充斥着这样自信、自驱力强的男性。如果她在餐桌上讲话，她的三个哥哥就让她闭嘴，然后他们三个继续说话。

直到11岁，她才开始在家里接受教育，但老师讲的让她昏昏欲睡。她不懂算术和乘法口诀表，也不会编织、穿衣打扮、系鞋带或整理床铺，更不擅长运动。她的父母把她看作一个失败品，她开始觉得他们说的是对的，就像大多数孩子被父母认为不行之后一样。作为一个年轻女性，她认识了经常在她都灵家中聚会的反法西斯知识分子们，比如阿德里亚诺·奥利维蒂，切萨雷·帕维斯，卡洛·列维和1938年成为她丈夫的莱昂·金茨堡。她躲在角落里静静地听着，这些聪明又有活力的男孩们谈论如何改变世界。17岁时，她的拉丁语、希腊语和数学考试都不及格。她从未获得学位，而当拉丁语考试再次不及格之后她便从都灵大学退学了。

然后，在短短的几年中，悲剧闯入了她的生活，并再也没离开过。在逃往比利时之前，她的犹太裔父亲被剥夺了学术职务，并且马上被捕入狱。她的两个兄弟作为抵抗组织的成员也入了狱；第三个兄弟游过特雷萨河逃到了瑞士，摆脱了法西斯警察的追捕。她的丈夫莱昂因为反法西斯主义已经入狱两年了，1940年又被限居于荒芜的阿布鲁奇地区[1]的皮佐利村，她带着他们的三个孩子和他同去。1943年，德国人占领了意大利一半的领土，并到处逮捕犹太人，于是莱昂逃到了罗马。纳塔利娅和孩子们随后使用假名也逃了过去。最后，莱昂因为经营地下报纸而被纳粹逮捕。1944年2月，他在罗马的里贾纳·科利监狱中被折磨致死。

这些恐惧可能会给金茨堡少女时期的失败感增添很多分量。实际上，虽然她刚刚成年时就真正地失去了很多东西，但这对她青少年时期已有的匮乏感几乎没有影响。在我们大多数人的想象

---

[1] 位于意大利中部，是意大利20个大区之一。

中,这种悲伤会使人清醒,它将把我们从通常令人担忧的世界带入一个新的地方,胜利和灾难似乎变得像是如影随形的一对骗子,这令人痛苦却也干净清爽,就像最稀薄的山间空气一样。但这却没有发生。当悲伤降临时,世界岿然不动,只是对于必须在震惊和痛苦的蓝雾中航行的我们来说变得更加混乱和神秘。

悲伤并不能减轻失败感——但正像金茨堡所发现的那样,悲伤可能会使失败带来的内耗降低。她后来写道,虽然她在战争中遭受了残酷的暴行,但最难以承受的却是命运的漠然,它对于我们的苦难毫不在意。命运告诉我们,失败绝非个人原因,最终我们都将是它的受害者。

在《幻想生活》一文中,她写道,在青年时代,顾影自怜会产生"丰盛、舒适的感觉",但是到了成年,现实与梦想之间的墙就坍塌了。我们在幻想中美化自己,显得比现实中更可爱,可幻想却是会破灭的。我们意识到,白日做梦不会使我们免受时间和意外的无情对待。对于金茨堡来说,生活是一个从虚构到记忆、从想象到真实的渐进过程。最后我们所认识到的事实是,生命不会怜惜我们分毫,有时候,没有任何原因,我们就是失败了。

1944年10月,刚刚成为寡妇的金茨堡只有28岁,她回到已经解放了的罗马找工作。她在伊诺第出版社[1]找了一份工作,但她感觉她能够进入那家机构的唯一原因是她和已故的丈夫一直是创始人朱利奥·伊诺第(Giulio Einaudi)的朋友。也许这种感觉

---

[1] 意大利第二大出版社,专攻历史、科学、艺术、社会学、哲学和古典学,金茨堡的丈夫是伊诺第出版社的创始人之一。

是对的。在她的文章《懒惰》中，她仔细地列出了她这个时候是多么无用。她没有学位，也从未能够完成任何项目。她只懂一点法语，不会其他外语，也不会打字。并且她浪费了"无数的闲适和做梦的时间"。

她确信，进入办公室的那一刻，每个人都会发现"内心的无知和懒惰像一片海洋一样广阔"。工作是一个所有的自我否定者都无法获胜的游戏，为了抵御这种感觉，她"疯狂地工作到发昏，陷入完全的与世隔绝"。她甚至配了把钥匙，这样她周日也能进入办公室。不久之后，她发现自己已经完成了纳德兹达·克鲁普斯卡娅（Nadezhda Krupskaya）的《列宁回忆》、约翰·赫伊津哈（Johan Huizinga）的《游戏的人》和普鲁斯特《追忆似水年华》前两卷的意大利语翻译工作。

战争刚结束的夏天，金茨堡就开始接受心理咨询。但这也使她感到不适。有一天，她告诉咨询师，她永远无法整齐地叠好毯子。于是咨询师就去拿了条毯子。他让她叠好，她做到了，虽然嘴上说着她已经学会了叠毯子，但她心里却依然认为自己没有学会。不久之后，她就不再去了。心理咨询并没有减轻她的失败感，而是成为"由于我的笨拙、无能和混乱而没完成的许多事情之一"。

* * *

用"失败"（failure）这个词来指代某个人，是非常新的用法，在《牛津英语词典》中最早只能追溯到1865年。在此之前，历史学家斯科特·桑迪奇（Scott Sandage）指出，这个词是"一个事件，而不是一个身份"。"失败"意味着一件事没做好。桑达奇认为，在19世纪的美国，"失败"第一次被用来指代某个人。

在此期间，由于纽约大型银行和投资机构的翻云覆雨，美国经济陷入了繁荣与萧条的交替。从1819年的大恐慌到90年代中期的萧条，每隔二十年左右就会发生一次严重的衰退。随着小商人越来越无法控制自己的命运，一个新的词汇诞生了，他们被称为"咎由自取的失败"（Self-made failures）。19世纪40年代产生的信用评级机构制造了很多用来表示失败的词汇。他们用来表示个人失信的诸如"小鱼小虾""坏蛋"[1]等术语也开始进入大众话语体系。"最好什么也别借给他"[2]指的是不应再获得贷款的人，而另一些人则是"顶多借他100美金"[3]。"山穷水尽"[4]是指无论如何都付不出欠款的人，起诉他们就和鞭打死马一样无用。桑迪奇认为，这些新习语将失败变成"一种自我归因的缺陷"。

桑迪奇认为在20世纪，对失败的定义变得更加广泛了。失败不再意味着懒惰或破产，"循规蹈矩地默默无闻"也变成了一种失败。³除了破产和贫困之外，"失败"现在还包括辛勤工作却永

---

[1] 原文为"small fry""bad egg"。
[2] 原文为"good for nothing"。
[3] 原文为"good for a hundred dollars"。
[4] 原文为"dead bet"。

远无法晋升的底层员工，称职却没精打采的中层经理或勉强糊口的推销员。

詹恩·考夫曼（Zenn Kaufman）在其 1935 年的著作《如何更好地赢得销售竞赛》中，非常认可一些公司为推销员举办竞争性销售宴会的新做法。推销员将根据其销售业绩享受不同的餐点：优秀推销员吃火鸡，而失败者只能吃煮牛肉。考夫曼补充说，他们的销售数字"也可以决定肉的大小"，从而"以友好的方式放大了荣誉和耻辱"。[4] 他提到一家公司的销售竞赛非常戏剧化，形式是目的地为百慕大的赛艇竞赛。获胜者得到去百慕大旅行的机会，而得分最低的人只得到了一个 20 磅重的船锚，还要为此支付邮费。

1949 年亚瑟·米勒（Arthur Miller）的戏剧《推销员之死》中的人物威利·洛曼（Willy Loman）就是一个这样的失败者。在所有销售竞赛中，他都是吃煮牛肉和收到船锚的人。但洛曼的境遇其实已经足够舒适了。米勒曾经说过，在一个更加温和的剧本里，他将在一个周日下午擦洗汽车时死亡。他有一位心爱的妻子和一座郊区别墅，马上要还完最后一笔房贷。别墅里面全是 20 世纪 40 年代的现代化家电，即使冰箱、吸尘器和洗衣机在分期付款还完之前都已经用坏了。他工作上的事不会摧毁他，甚至被解雇也不能。他卖什么都没关系：我们永远都不知道他车里装了很多年的样品箱里到底是什么。杀死他的是他告诉自己要提升自我价值的谎言和奢望。洛曼是自我能力否认者，是将失败视为疾病的文化的受害者。

米勒在自传中写道，他想通过洛曼呈现一具"信徒的尸体"。他将主角塑造成一个完全认可成功神话的人，想在舞台上推翻"资本主义的谎言：以为站在冰箱上，冲着月亮挥舞付清的贷款单，就能碰得到云彩"。[5]

米勒知道人是如何变成洛曼的。他14岁那年，家里的制衣公司因华尔街危机而倒闭了。他的父亲冒着风险在股市押注了很多资金，期待快速产生回报。米勒家族并没有完全被摧毁，但是他们不得不从一整套豪华的曼哈顿公寓搬到布鲁克林的半间小房子里，并解雇了女仆，卖掉了配有司机的汽车和皇后区的海边避暑别墅。家里缺钱，经常捉襟见肘。失败给米勒带来了无形却非常重大的打击，就像其他数百万的美国人一样。

"你说他是一个没有品格的人？"洛曼的妻子琳达在他自杀后对儿子们说。"他是不是一个每天都为你们而工作的人？他什么时候才能为此得到奖励呢？……我们必须要珍视像他这样的人。"这部剧里悲剧性的地方在于，没有人因为坚持令人失望的生活而获得勋章。如今普通人的生活就是失败，除非他们有其他证明自己的方式。失败是不可避免的，成功是永远不够充分的，因为这两件事永远都取决于别人的评判。

"失败者"（loser）曾经是一个中性的词语，用来指代在体育、商业或生活中遭受挫折和损失的人。在牛津英语词典中，这个词的贬义含义最早在1955年才出现："指代一个不成功或不称职的人，一个失败者。"成为失败者不需要任何具体的失败，你只需要具有一些朦胧但心照不宣的失败感。就像对于任何其他事情来说，用语言表达出失败至关重要。桑迪奇指出，"我感觉很失败"这句话现在是如此的常见，以至于我们忘记了这是一个比喻——"商务语言被应用到灵魂上"。[6]

* * *

自由市场什么时候开始萦绕在我们生活中，成了底色？法国作家安妮·埃诺克斯（Annie Ernaux）在《岁月》一书中写道，他们这一代人是如何在20世纪60年代年轻而激进，却在80年代人到中年时被迫适应新的现实的。于"白手起家"的传奇企业家们身上体现的"成功"突然成了至高无上的价值所在。新的时代关键词是"挑战、赢利和成为赢家"。（在英语国家，关键词是"抱负"，意味着渴望过上富裕的生活或获得较高的社会地位，与生俱来地令人钦佩。）埃诺克斯写道，自由市场被赋予了一种"末世论般的美"，意味着国家社会主义的乌托邦理想。它代表"自然法则、现代性和智慧"。[7]

法国历史学家将对于集体精神状态波动的研究称为"心态史"（l'histoire de mentalites）。对于思想史学家而言，我们对世界以及彼此的态度是一种我们共同经历着的幻梦。当梦发生变化时，我们也随之发生变化。无须任何辩论或抉择，曾经看起来似乎很奇怪或至少有争议的想法可以变得像呼吸或眨眼一样正常。我们共同经历的现实在某种程度上是建立在流沙般大众信仰上的幻梦。在我们都做起了新梦时，那些保留着陈旧记忆的人，就会发现自已格格不入，用着旧钞票，做着其他人已经醒来的梦。我曾经见过另一位埃克诺斯同时代的人，菲利普·普尔曼（Philip Pullman），他在电视上接受采访，将自由市场所追求的不流血的胜利比作童话里巫师所施的集体咒语。

关于失败和成功的语言开始变得更加直白了。在1992年的电影《拜金一族》中，芝加哥的房地产推销员比赛出售佛罗里达州和亚利桑那州一文不值的灌木丛。"放下咖啡"，总部员工亚历克·鲍德温对失败的推销员杰克·莱蒙咆哮道，"咖啡是只给胜利者喝的"。然后他宣布了当月的销售比赛结果："一等奖是凯迪拉克汽车……二等奖是一套牛排刀。三等奖是您被解雇了。"

失败者的标志是将手举到前额，拇指和食指比出字母L，这是一个20世纪90年代的发明——和"失败"（fail）这个1.5个音节的词被用来称呼一个人的愚蠢一样。这个将失败用作名词而非动词的用法被认为源自日本电子游戏《闪亮之星》，它用有些含混的英语告诉输掉的玩家，"您失败了！您的技术还不到家——下次再见——拜拜！"它因为"极其失败"（epicfail）这个话题标签而火爆于网络。在网络中，失败的反义词不是成功，而是零和博弈里的获胜。

社交媒体是一个野蛮的自由市场，用户像处在熊坑中一样，关于他们的可获利数据被暗地里提供给有关方。社交媒体的算法以恶言恶语为食，所获得的反馈也是夸张激进的。它最喜欢的词——都来自电脑游戏或学校操场——都描述了如何打败对手："击倒""冲洗""教训""烘烤""燃烧""嘲笑"（或"打脸"，意思是有人试图嘲笑他人结果却反过来嘲笑了自己)。网络争论并不一定要分出输赢，比出高下。我们总是被迫展示观点或选一边站，只不过是按了一下回车，我们就要为说过的话负责任，做好被赞同或者被羞辱的准备。捏造假新闻。站上道德高地。上传照片或其实根本什么也没发生。

***

即使在成为著名作家之后，纳塔利娅·金茨堡的自我否定行为仍然存在。1950年，她和第二任丈夫加布里埃尔·巴尔迪尼（Gabriele Baldini）结婚，他当时是罗马大学英语文学教授，也是一位她所熟悉的男性。他雄辩而自信，喜欢送她自己所写的文学、电影和艺术方面的论文。1960年，当巴尔迪尼成为意大利文化研究会主任时，他们搬到伦敦生活了两年。她无论走到哪里都有英语流利的丈夫帮忙，所以只学会了两句英语，"喝酒吗？"和"抽烟吗？"

无论是写关于什么主题的文章，金茨堡的开篇都是坦承她的无知。她承认，去电影院时，她总是记不住电影的情节，事后什么也想不起来。她有一张歌剧院的季票，但永远无法弄清楚舞台上在演什么情节，所以要么就睡着了，要么就干坐在那里，是"一个走神的没用的观众"。她与社会学家交谈，但感到与他们思维的清晰、严谨相比，她只不过是"在迷茫与空虚中徘徊"。她是个"路痴"，对于她来说，最简单的旅行，或者想到将要旅行，都会带来焦虑和疲惫。⁸ 我们自我否定者喜欢真诚地自谦，同时把它当作护身符戴在身上来抵御失败。

评论家兼小说家奥雷斯特·德·布诺（Oreste Del Buono）觉得金茨堡的天真是假的，并对此感到十分恼火，说她"假装是个傻瓜"。另一位批评家指责她用小女孩一样幼稚的腔调写作。⁹ 但是，金茨堡确实感觉自己像个傻瓜，认识到自己的不足可能正是使她免于绝望的关键。

她最亲密的朋友之一是诗人塞萨雷·帕维斯（Cesare Pavese），一位曾经在伊诺第出版社的同事。他于1950年自杀身亡，享年41岁。她试图弄清他自杀的原因，她认为帕维斯不能够像她那样，将自己的错误和失败归咎于愚蠢、懒惰或他人的过错。他是个作茧自缚的囚徒，有着"理性的痛苦表情和声音，他的话无可辩驳，却没人给他回应，所以只能投降"。¹⁰ 世界不服从于他聪明的头脑做出的推理，而他从未与世界达成和解。金茨堡总结说，要使我们的生命免于悲剧，必须接受我们无法实现完全的控制。正是因为想到无论如何都会失败，所以她没有试图让世界符合她的意愿。她只是把每一天都过下去，虽然不完美却也没有幻想。

金茨堡的作品中一个常见的主题就是她所谓的"包法利主义"，取名于福楼拜的小说中永远不满意的包法利夫人。在我们的时代，她写道："我们从头到脚都充满了包法利主义，总是焦虑、渴望、不宽容。"我们心里相信"我们眼前的视野被限制得太狭窄了"，并且"如果我们拥有更广阔的视野……我们也许已经有了更好的命运"。¹¹ 正如俄罗斯的谚语所说："我们达不到的地方，生活总是更好。"金茨堡小说中的人物，如契科夫笔下向往莫斯科的三姐妹，徒劳地期待着更好的生活。她们误以为她们所不能达到的地方，有着成功的奥秘。希望，而不是绝望，摧毁了她们。她们被遥不可及的视野所折磨，却忘记了过好当下的生活。

尽管悲剧仍在接踵而至，金茨堡却似乎从未犯过这个错误。她和巴尔迪尼又生了两个孩子：严重残疾的苏珊娜和1岁就早早去世的安东尼奥。1969年，巴尔迪尼也因病毒性肝炎去世，年仅49岁。在所有这些令人心碎的事情中，金茨堡继续认为自己是失败者，持续自我否定，但至关重要的是，因为她认为的确有一些人过着更好的生活，但那是她无法企及的，所以悲剧对她并不那么具有毁灭性。

意大利评论家用"感伤""压抑""悲哀"来评论金茨堡的作品，其中帕维斯（Pavese）将其称为"呻吟"。[12] 作为一个同样感伤、压抑的人，我并不同意这个观点。我觉得金茨堡的作品是种慰藉，主要是因为它拒绝将世界的粗糙边缘打磨光滑。将悲伤付诸语言时，无论听起来多么严肃而现实，它都不再无形，成为具象。通过将生活中的苦难提炼成优雅、陈述性的散文，金茨堡使它变得可感知、可控制。在她的作品中，文体的美总是比主题的悲伤更加突出。她的每一句话都像是安静地反抗命运的残酷。

金茨堡在《夏天》一文中，对话那些觉得"被夏天疏远和羞辱……被认为永远不值得分享宇宙的收获"的人们。她写道，"在夏天，我们感到被迫要细数生命中的每一份悲伤和失败"，因为我们永远都不会对这个季节的赠予感到受之无愧。

我也把夏天等同于失败。三伏天既是狂欢，又很扫兴，它端出世界的珍宝，并让它们沐浴阳光，却并没让我的梦想得以实现。那个季节过得如此之快，以至于使我想起了我一直未能拥有所谓的正确的生活方式：去嗅刚割下的草，去听黎明的合唱，活在当下。秋天是一段缓慢的死亡，它让人松了一口气。没有人对懒惰的太阳、北极吹来的冰冷空气和缓慢的腐烂抱有过高的期望。阳光斜照，白日渐短，适合弯下腰去做些清点——这是蛰伏、休息和养精蓄锐的时间。这几个月里我们能取得的任何成就都是偏得，而不是必须。卸下必须要即时满足的重担，拥抱生活中熟悉的困惑和不满，是一种多么大的解脱啊。

* * *

临床心理学家波林·科兰斯（Pauline Clance）和苏珊妮·埃姆斯（Suzanne Imes）在1978年的一篇论文中指出了一种被称为"自我否定现象"的疾病。他们发现，成就卓越的女性能够最敏锐地感受到它。在开会时通常男人数量更多，所以她们更容易感到不配进入会议室。她们的自我否定是发自内心的。她们变得越成功，来自他人的期望就越多，她们就越会焦虑，以至于她们最终无法达到这些期望。她们越努力，越会觉得成功仅归功于努力，而她们为维持成功就必须保持更努力。[13]

相比现在更常见的"自我否定者综合征"，"自我否定现象"是一个更好的词。综合征听起来像是一种可以治愈但无法治愈的情状——是一个悲伤的而又持续发生的事实，主要只和患病者有关，一旦被确诊，就无须再去留意它。而现象却不同，听起来很重要，需要好好研究和解释一下。

对于自发的自我否定者，取得成功总是远远不够，因为他们所认定的成功实在是太难以达到了。米歇尔·奥巴马在《成年》中写道，身为成绩优异的孩子，来自芝加哥南区一个黑人工人阶级的聚居区，她在脑海中不断地重复着"不够，不够"这句话，像"不停分裂的恶性肿瘤一样"。作家乔治·桑德斯（George Saunders）提醒锡拉丘兹大学的学生，"成就是不可靠的"，而"成功就像一座山，在你攀登时会不断膨胀……'成功'将花去你的一生，而需要解决的要命问题却永无止境"。[14]

有一种东西确实是在一直在喊着"不够，不够"，而且似乎永远无法触及巅峰：那就是自由市场。自由市场永远不会停歇。它渗透到我们生活的每个地方，不受限制，永远想要更多，并且永远持续下去。无论它获得了多少财富，都永远不会感到满足。总要有更多的增长，总要有新的对手要超越，总要有另一个目标要实现。企业使命宣言敦促我们不断提升，不懈地追求"**质量**""**价值**"或"**卓越**"。对这种难以捉摸的抽象名词的追求怎可能结束？

自发的自我否定行为恰恰就是自由市场所盼望的。自发的自我否定者无法将成功视为永恒，无法将其视为一种可以安全地存入低风险的储蓄账户中，缓慢、永久地产生利息的东西。相反，他们将其视为一枚赌场筹码，必须继续下注以寻求更好的牌，并且很容易输掉。自由市场资本主义是持续一生的危机，它永远不会给予人们所渴望的确定感。通过智能手机和对忙碌的普遍崇尚，它吞噬掉了大量非工作时间。它释放了一系列无限的自我驱动需求，并且提供的唯一奖励就是继续比赛的许可。它更像小时候玩的派对游戏，在一分钟内要努力吃掉最多的奶油饼干——只是现在的奖励是，你可以去吃更多的奶油饼干。

* * *

几年前，自由市场失灵了。2008年的金融危机本应让我们开始从睡梦中醒来——不要再做自由市场能够充当神奇的恒温器的梦，幻想它可以保持最佳温度。这是假的。就像20世纪美国的兴衰周期中一样，这种不足很快就被人们遗忘了。什么也没发生改变；也没人吸取教训。然后，由于某种狡猾的手腕，制造这场危机的责任开始转移到其他地方——归于移民、利益欺诈、政府超支，或者投掷石块抗议紧缩政策的希腊人。

现在情况已经变得很明了了，失败的风险并未得到平均分担。在金融危机中几乎破产的美国和欧洲银行被认为"大而不能倒"——它们对我们的经济体系太过重要，以至于无法崩溃，它们不能破产，因此政府不得不用贷款和资本来救助它们。然而银行也已经猜到它们体量太大而不能倒闭，这就是为什么他们敢于如此随便地花别人的钱。他们知道，高风险交易成功时可以获利，反之则可以将损失分散出去。

金融危机之前，我仍然对那些掌管着政府、主要银行和国家的人怀有敬意，他们受过良好教育、善于演说，且大部分都是白人。像大多数自我否定综合征患者一样，我暗自倾慕似乎不患此病的人的超凡魅力。也许，在我大脑的深处，我认为他们是天生的领导阶层。毕竟，他们毫不动摇地保持着坦率的姿态，并坚信他们所提供的是唯一的出路。但这样无畏的人真的知道他们在做什么吗？

答案很快就来了：不，他们并不知道。危机是由高杠杆金融产品的坏账引发的，它们的设计基于非常复杂的数学模型，现实中的人类难以计算其所面临的风险。这些模型能够说明，其实领袖们对于世界是多么茫然。这个故事没有什么意义，但能够说明他们的信念太过坚定，以至于欺骗了自己。

现在，我自责于以前的天真。我看到官员阶层并不比我更加了解世界的运作规则。他们只是善于用谎言和长篇大论掩饰自己的愚昧无知。危机发生时，船舵就掌握在这些人的手上，他们的骗子行径终于被人发现了。但是，即使是这样纯粹的失败，也没有削弱他们的信心或让他们学会闭嘴。他们只是继续向其他人解释世界运转的道理。哎，他们是多么的健忘啊！他们在光天化日之下将国家这艘船搁浅在沙滩后，还在坚持认为这完全是沙滩的错。他们疯狂的自信使我想起了"巨蟒剧团"（Monty Python）[1]

---

[1] 英国著名喜剧团体，善于用荒诞不经和超然的方式来挑战和表现各种社会禁忌、规章、权威、不合理现状和刻板印象，风格充满了颠覆性，在喜剧领域具有强大影响力。

的黑骑士，在被亚瑟王砍掉双臂和一条腿后，仍然坚信自己是无敌的。

自由市场永远不会承认自己的失败，因为它是一个乌托邦式的计划。它要通过激励性竞争来清洗我们生活的方方面面，像灌肠一样彻底。传统的保守主义已经一去不复返了，这种保守主义宁愿改革而非革命，宁愿倾向于可靠而熟悉的而非诱人却未知的，宁愿得过且过而非尽善尽美。取而代之的是持久的革命，必须以自由市场的方式重塑世界。当这个乌托邦式的计划崩溃时，责任永远不在于它本身，而在于没能将它充分实现。自由市场之所以失败，是因为它的价值没有通过足够的热情和活跃传播出去。既然已经失败了那么必须加倍努力，以使我们向着乌托邦不断后退的地平线持续前进。

* * *

从表面上看，"失败是福"运动似乎为不间断的追求增长提供了喘息的机会。但仔细看看："失败是福"背后的要求却没有任何变化。它要将失败变成又一个增长机会——一项需要通过辛苦流汗转化出价值的资产。

自金融危机以来，在这个不提供任何保障的世界中，自由市场已经接受了失败是必然的。对于新的有可能成为无产者的人来说，寻找工作意味着要打磨出一份简历。他们必须做不算工作的工作——求职和职业管理这样的无谓劳动。他们必须不断接受客户的打分和其他即时的绩效评估。他们必须敏捷，适应能力强，能够掌握新技能并不断提升个人形象，从失败中快速振作，就像扫掉面包屑一样轻易。我们忘了问一句：他们为什么要反复这样做？

自由市场希望我们认为，努力工作的人将会得到回报——在这种情况下，应对失败的办法是抖擞精神，重新开始。永不可能失败的是自由市场本身。自由市场是不变的，所以你必须改变。失败是你要自己面对的问题，可以通过获得每个人现在都谈论的品质来解决：韧性。

但是失败是这套体系的特征之一，而不是通过足够的才干和毅力便可以消除的个别错误。所有关于失败的积极效应的说教——都是给平凡之辈的。没有一个富裕而有权势、掌控我们生活的人真的相信失败会给人带来活力或者进步。他们也不会天真到在公开场合承认自己最严重的失败。他们只是悄无声息地赚钱，并把钱藏在金融危机所不能触达的地方。

就像自由市场上的一切，失败是不平等的。你可以努力工作，精心地培养才能，但仍然会失败——而且失败给你的回馈通常是随之而来的低下的社会地位，以及安全感和稳定感的缺失。或者，你是一个能付起高昂学费的白人，口舌灵活，善于制造似是而非的氛围，享受不可估量的权力，那你尽可以失败——而且可以无限制、无负罪感和无止境地失败下去。

在这样的世界里，学习如何成功地失败是获得不了什么安慰的。你将必须去寻找慰藉，而不是义愤填膺，满腹牢骚。你可能对失败无可奈何。但是你可以拒绝适应这个不公平的系统，它对于失败的分配是如此的不公平。你可以决定在这个让你失败的世界中，不要对失败感到内疚或者羞愧。看到了吗？你已经感觉好多了。

***

不用说，纳塔利娅·金茨堡并不是她自称的自我否定者。她在伊诺第出版社持续工作了40年。没有人曾质疑过她没有学历，或要求她离开，或以其他方式向她找茬。伊诺第成为战后意大利最负盛名的出版社，它印在书脊上独特的鸵鸟标志成为高品质的象征，而金茨堡在其中发挥了作用。她将欧内斯特·海明威[1]引入意大利读者的世界，推出了第一版安妮·弗兰克日记的意大利语译著，还翻译了福楼拜和莫泊桑的作品。不过，大多数情况下，她想出版的书籍可能被别人认为是商业上的失败品，但她很乐意向成千上万的读者分享。而对自己写的书，她的态度则在放任自流和害羞之间摇摆不定。如果她听到了关于某本书任何一句不好的评价，她就会将它全盘否认掉，并在脑海中撕成碎片。

"被理解意味着我们的本来面目被接受"，金茨堡写道。"来自他人最可悲的危险，不是他们没有看到或不喜欢我们的特质，而是他们认为我们所具有的真实特质已经孕育出了其他根本不存

---

[1] 诺贝尔文学奖获得者，被认为是20世纪最负盛名的文学家之一。

在的特质。"[15] 她知道，自我否认主义与低自尊不同。自我否认者并不拒绝接受赞美，但是我们宁愿被贬低，也不愿被误认。在意识里，我们害怕失败；但不知不觉地，我们害怕成功以及它带来的种种欺骗和做作。

恐惧感的核心是一颗清醒和理智的种子。我们正在寻找一个超越所谓的成功或失败的世界，在那里我们无须假装成胜利者，以掩饰作为失败者的恐惧。我们也知道，我们学得越多，我们就会变得越困惑。周围无知的海洋无限广大，我们知识的岛屿看起来越来越小——但是我们无法忽略这才是正确的道路，那些没有我们这么困惑的人只是有着虚幻的清醒。

金茨堡在一篇同名文章中将成功称为"小德"（the little virtues）之一。我们教孩子努力工作，通过考试并知晓金钱的价值——这是我们认为他们在堕落的世界中所需要的小德。小德仍然是美德。但是，如果没有更大的美德作为补充，小德只有"微不足道的价值"。我们忽视了要教给孩子更大的美德，例如慷慨、勇气、诚实和热爱生活，这些美德无法量化，在这个被小德推动的世界中几乎无法变现。

我们通过威胁惩罚和许诺奖励来教给孩子们小德。我们的孩子一旦上了学之后，我们就向他们许诺取得好成绩就会得到奖励。这是一个错误，因为生活中很少有公平的回报。善行可能不会带来任何回报，但恶行可能会得到丰厚的奖赏。学校里孩子们第一次与无限的不公平宇宙相遇——在这种情况下，金茨堡写道，我们的首要职责是"安慰在失败中受伤的孩子"。

金茨堡在《小德》中讲述她童年往事的一段话中提醒我们，"有时候一个无精打采、孤独、害羞的孩子并不缺乏对生活的热爱"。这个孩子的灵魂，似乎正在沉睡，但实际上"处于期待之中"，就像"一只蜥蜴一动不动地装死，但实际上它已经看到昆虫，正在观察它的轨迹，然后突然向前一跃"。[16]

* * *

我们感到失败常常因为我们困惑于生活中出现的选择，并担心选得不对。对于金茨堡来说，解药则是开始一份事业。事业（vocation）一词源自拉丁语的 vocare，意思是"呼唤"，它给我们一个方向，告诉我们目的地在哪里，来使我们消除焦虑。在她的文章《我的事业》中，金茨堡写道：事业是表达对生活的热爱的最好方式。它不会使你免受失败的困扰，无法充当同伴，更不能提供"爱抚和摇篮曲"，但它会给你一个唯一的目标。真正的满足感来自每天对事业的投入。无论你在事业上成功还是失败，你都在过着属于自己的日子。

对于金茨堡来说，写作不是积累成就的方式，而是带来归属感的方式。因为她有了一份事业，所以即使认为自己是"一个很小，非常小的作家"也没关系。只要知道没有人和她写得一模一样就足够了，"我是蚊子作家还是跳蚤作家都无所谓"。[17] 从事一份事业，你就不会再自我否认，因为生活的中心就变成了工作，而不是自我。任何成功——在一个非常不公正的世界中，永远是不可靠的——都是事业能产生的、偶然的副作用之一。

我曾经看过一个木匠在办公室附近为楼梯搭建扶手。他花了三天时间。我每天经过几次，并向他点头致意，看他充满爱意地将一长块松木变成了能供人使用的弯曲、有凹槽的杆子。然后，他将其打磨并上光漆，直到它像层压板一样光滑为止。然后，他在楼梯上方的墙壁上用铅笔打好标记，在支架螺钉上钻孔，并且非常小心地安装了导轨，就好像它是画廊墙上的艺术品一样。因为他的耐心和努力，这个普通的东西看起来很漂亮。一旦扶手立起，他就走了，不等一声称赞或感谢，只留下这个每个人都会注意一下，然后就转头视而不见的日常物件。那位木匠不需要我们的认可，因为他有一份事业。

如果你感到失败，或自我否认，或两者兼而有之，你会很快发现金茨堡是一个忠实的朋友。就像朋友应该做的那样，她会让你感到不那么难受和孤独。尽管她充满了不安全感，但她直面悲剧的毅力会使你感到安定。尽管她厌恶虚假的安慰，但她追求真理，这会让你感到慰藉。尽管她坦露了所有的胆怯，但她平静、清晰的声音将使你有勇气呼入最糟糕的失败，然后慢慢地呼出，将充满了弹孔但仍旧美丽的生活继续下去。

3. 梦见考试

我们所受的教育是如何给人失败感的?

"相信你的才华,

它们将成为你一生的慰藉之源。"

每隔几个月,我就梦见一次考试。

在梦中,我人届中年,还必须重新参加学校的考试。由于家人和朋友没有礼貌的干扰,复习一直被打断。他们看不到我的梦,尽管梦中我不再是学生,可还要参加考试。即使我知道多年前就已经考过了同样的一门,在循环的梦境里,也从来没有质疑过为什么需要再考一次。我一无所获,还白白受罪。

我到达考场,很尴尬地发现自己和很多年轻的学生坐在一起,甚至比我现在教的学生还年轻。在分发考卷时,我几乎控制不住地紧张,与考场里的其他人形成了鲜明的对比。然后,我打开试卷,发现参加的是错误的考试,或者考试内容不是我所准备的,抑或考卷根本是空白的。

然后我醒了。我需要花几秒钟的时间缓缓神才能确定自己在哪。我感到一阵解脱,呼吸变得舒缓了。我不再需要痛苦而毫无准备地参加考试了。然后黎明到来,我回到充满忧虑的中年日常生活,依然痛苦而毫无准备。

西格蒙德·弗洛伊德在《梦的解析》中指出,梦见考试是多么的普遍,无论做梦的人是谁,梦的形式都具有如此惊人的相似性。"挣扎是徒劳的",他描述着那些做梦的人,"即使他们睡梦中依旧记得自己已经从医、在大学执教或者担任政府领导多年"。

弗洛伊德从来没有完全说清楚为什么人们做这样的梦。他的第一个理论是,他们的潜意识正在因为失败感而惩罚他们。小时候,我们做了坏事会立刻被家长惩罚。而长大后我们就不再受到这么简单的裁决。要再次感受它,我们只能回到考场,那里的判决才是果断的，失败是明确的。

但是后来弗洛伊德的一位同事指出，只有那些考试成绩一直不错的人才会做这样的梦。弗洛伊德在大学法医学考试不及格，但从来没有梦到过它。取而代之的是，他的潜意识一直让他重新参加以优异成绩通过的植物学、动物学和化学考试。

因此，弗洛伊德提出了第二种理论，即考试梦提供了慰藉。当面临压力很大的任务，并担心即将惨败的时候，才会做这样的梦。通过重温年轻时紧张但最终成功通过的考试，梦在告诉梦者："不要害怕明天！试想一下入学考试前你是多么焦虑，但最后却稳稳通过。你已经是位医生了。"等诸如此类的慰藉。[1] 这种理论对我来说是有道理的，因为我擅长考试且并不觉得考试具有伤害性——至少，不比我日常的生活更有伤害性。

不过，我有另一种理论，是弗洛伊德从未想过的。我梦见考试是因为我潜意识里希望自己考试是不及格的，因为根据考试的结果对我做出的"明智而博识"的评价即使不是假话也显得过于草率了。一部分的我感觉这太容易了，考试这出哑剧的评估基于一套互不相干的技能——良好的记忆力、强大的心理素质和在时间紧张的情况下看似有道理地胡说八道——在这些方面我恰好非常出色。考试梦是我的自我否认综合征的又一个症状。深度睡眠时占据主宰的潜意识，正在告诉我，我不配因为如此微不足道的优势通过考试，所以我不得不一次又一次地在睡梦中重复它。

***

科举考试始于7世纪初的中国隋代，用以选拔最聪明的年轻人担任政府官员。到1644年，最后一个王朝清朝建立之初，中国已经建立了庞大的考试系统。隋之后的每个王朝都通过科举考试增强皇权。考试程序和文书工作将皇帝的影响力扩展到了庞大帝国的所有地方。这意味着任何处于重要位置的人都要对皇帝效忠。在权力链的下游，成千上万的考生无暇考虑煽动叛乱。他们只顾着准备考试了。

想象一位生活在1650年左右的年轻的中国考生。我们的旅程必须从娘胎中开始，因为在中国男孩出生之前，他的家人甚至就已经开始期待他能高中，给家族带来荣誉。（女孩不能参加考试，还要出嫁妆，因此只有女儿的男人被称作是无后的。）为了提高未出生孩子的考试运气，孕妇要避免刺眼的色彩，并听人大声朗读诗歌。当男孩出生时，她要给仆人分发刻着"金榜题名"的钱币。

当男孩3岁时，她开始给他辅导儒学的启蒙读本。从此，他开始了逐字反复细嚼四书五经的漫长历程。乡村私塾里，他的时间都用来死记硬背。每隔一段时间，他会被叫到老师的桌前，背诵几行孔夫子的语录。如果他背得对，可能会接下来再读几行。如果他在某个字上磕磕巴巴，就会被尺子打手心和大腿，然后回到桌前重新开始。他的少年时代就用于参加县试、府试和院试。如果他是一个聪明的男孩，他就能全部通过。现在，他有了初等头衔——"秀才"。

20岁那年,他随家人去南京参加省级的乡试——每三年举行一次,时间是农历八月初九。他骑马到达贡院,戴着考生标志,挎着大大的考篮。篮子里装着笔墨纸砚、蜡烛、铺盖、水罐、小炉子和装着大米与饺子的锅。

江南贡院就像一所监狱,四周围着荆棘做的墙。要进入考场,必须接受野蛮的搜身。看守要搜查一遍,看看铺盖、外袍和内衣里有没有写着儒家典籍的小抄。考试持续三天,在此期间,他们会封好大门上的闩锁,任何人都不得进入或离开。如果考生生病或死亡,看守就会把他的身体包裹在草席中,然后将其扔出墙外。即使死亡,考试也不停止。

* * *

考场内有着上千个小间,每位考生会被分进其中之一,大小不超过文具柜,砖墙裸露着,头上是屋顶,脚下是脏污的地板。每个小间有一侧是敞开的,接受瞭望塔中看守的巡查。两个木板充当他的座位、书桌和床。

他读着考卷上的试题:"乐天者保天下。"[1] 他必须用八股文回答试题。从"破题"到"束股",八股文有着八个固定的部分。在接下来的三天里,他用尽毕生所学和最好的字迹答卷。肚

---

[1] 出自《孟子·梁惠王下》。

子饿时，他在小炉子上煮米饭和饺子。累了时，尽管房间太狭窄了，无法完全伸开双腿，他也试着小睡一会儿，而其他房间里蜡烛的灯光让他觉得休息是令人惭愧的。

最后，一声炮响标志着考试的结束。像曾经和未来数以百万计的考生一样，他从院子里疲惫地走出，咒骂着考官有多么变态，觉得这次考砸了。他和一直在外面等候的家人会合，外面还有其他考生的家人。批改试卷需要几天的时间。然后，突然，官员们会贴出一个榜单，从第六名开始依次往后写上中榜考生的名字。名单越往后面读，他心中的希望越消沉，一直读到最后，他的名字也没有出现。但是随后官员写下了前五名的名字。他名列第一！他现在是举人，有了终身做官的机会。

然后他向高峰继续攀登着。第二年春天，他在京城的皇宫里参加最后一场殿试。在保和殿，他翻开试卷，并读着主考官，也就是皇帝本人所出的试题。开头是"朕为天子，夙夜在公，未敢少耽安逸，而保国泰民安。朕今临轩亲试，请慎思作答，各举所知以对，毋泛毋隐"。考生开始写文章回答皇帝的问题："臣对臣闻。"

几天后，写着及第名单的金榜被用轿子抬过整个城市，悬挂在长安左门。他再次名列第一。他现在是状元了：高中第一名的学子，文曲星下凡，成为能站在皇帝右手出谋划策的人物之一。当晚，他参加喜宴。他收到一顶华冠、一柄权杖和八十盎司白银，能够在家乡建造牌坊。当他终于衣锦还乡时，朋友们将他高高地扛在肩上，而他的家人含着热泪与他相拥。

***

从17世纪中叶开始，欧洲的传教士和外交官开始访问中国，并对中国的考试制度表示赞赏。意大利耶稣会传教士利玛窦称赞中国是学者绅士统治的国度，柏拉图人才贵族化的梦想实现之地。天主教耶稣会仿效科举制度，教会学校和入会许可也开始需要考试。从未去过中国的伏尔泰认为其是一个乌托邦。"人类想象不到比这更好的政府了。"他写道："凡事都要由相互制约的大型机构来决定，机构的成员都要经过数次严格的考试才能取得任职资格。"

在20世纪，考试制度逐渐在整个欧洲普及开来。1854年的诺斯科特-特雷维扬（Northcote-Trevelyan）提议学习中国模式，英国公务员的入职要采用差额考试的形式。四年后，牛津大学和剑桥大学共同组织了首场公开考试。

迈克尔·杨（Michael Young）的虚构历史著作《精英主义的兴起》就从这里开始。该书以一位2034年的政府社会学家的口吻写作。书的主题是英国在过去的一百七十多年里是如何彻底地转变为精英体制的。他认为，在诺斯科特-特雷维扬的报告之前，英国社会的统治都是基于裙带和关系的，所有社会阶层"都是既有天才又有白痴"。[2] 但是，这种封建制度阻碍了效率的提升，英国担心这样继续下去经济发展会被其他国家超越。因此，教育成为强制性的义务，考试制度由此兴起。

在杨的故事中，和他唱反调的社会主义历史学家 R. H. 陶尼（R. H. Tawney），在精英主义统治下依旧古雅地坚守着平等主义。陶尼在其 1931 年的著作《平等》中主张建立一个更加平等的社会，而不仅仅是简单地由因为追求机会均等而凝聚在一起。他认为，只有真正的平等才能真正地播撒机会，因为平等"不仅取决于开放的道路，而且取决于平等的开始"[3] 但在杨的书中（以及在现实生活中），陶尼的观点被 H. G. 威尔斯（H. G. Wells）、乔治·萧伯纳（George Bernard Shaw）等费边主义者[1]驳倒了。他们的梦想寄托在知识渊博的斗士身上，寄托在能够主导开明的社会改革的精英专家身上。他们相信一种尚无名字的东西：精英主义。

在杨的书中，一个很关键的事件是 1944 年颁布的教育法案[2]，它让初中教育既免费又有选择性。随后，在 20 世纪 60 年代和 70 年代（杨的书于 1958 年出版，书中有关于这个时代的预言），精英教育面对综合中学[3]大获全胜，成功地证明了综合中

---

[1] 费边主义的观点主要有：一、知识分子的独立身份。这种独立不是遗世独立，而是保持独立身份参与到社会的改良之中。二、渐进主义。通过理性思考得出解决方案，但同时采取渐进的态度，渐，并且进。

[2] 1944 年的教育法案宣布，为满 14 岁的孩子提供免费的中学教育。同时，中学教育按照以下两个基本进行了重组。文法学校着重学生的学术培养，为学生今后升入高等教育做准备，入学需要通过考试；现代化中学（secondary modern schools）为学生们今后从商做准备。还有第三类学校，技术学校（technical school），但是极少获得社会的认可。因此，教育系统将学生分成了两类，一类是想进入大学寻求更好工作的，还有一类学生更适合相对普通的工作。

[3] 综合中学通过开设公共课和几种平行课程（普通教育课程、学术性大学预备课程、职业和商业教育课程），以适应中等教育阶段具有不同能力、愿望、兴趣、特点和成绩的学生的需要。

学感性的平均主义只会带来平庸。很快，文法学校获得了雄厚的资金支持，以至于实力超过了私立学校。最好的私立学校变成了寄宿制文法学校。最糟糕的寄宿学校则专为富人的智力不佳的后代开设。根据最新的心理计量科学研究，胎儿的智商能够被可靠地预测。最终，国家由"知道百分之五代表什么的百分之五的人"所统治。[4]

但是现在，在2034年，这个精英阶层的伊甸园开始从内而外地溃败。富贵阶层对低阶人民完全失去了同情，并认为自己完全配得上所取得的成功。同时，穷困阶层的困窘只能归咎于自身。机器人在工厂里取代了他们，那些没有失业的人都在当家庭佣人。机会不平等至少使他们看清了所谓的"人生而平等"的真相。现在，他们只能当那些傻瓜的实验品，非常愤怒，感到没有希望。

随着故事的结束，叙述者的精英主义的乌托邦处于危险之中。暴民洗劫了教育部，人们开始大罢工，并在五一国际劳动节游行示威。叙述人毫不担心，认为下层阶级如今已无力回天，因为他们已经不具备任何才智和能力了。这本书结尾处的脚注告诉我们，叙述者在五月起义中被杀害，甚至还没有来得及检查我们刚刚读过的那本书的校样。

在杨笔下，年轻的主人公的话听起来顺理成章，就像精英主义听起来是多么顺理成章一样。显然能力和成绩应该被奖励，而最有才华的人应该掌权。然而，杨的精英主义必将破灭。这是一个无情的世界，在这里人类仅仅是效率的执行者而已，而教育则将无辜的穷人拒之门外，就像维多利亚时代的慈善机构那样。下议院已将权力移交给官员体系,而上议院则充斥着聪明的人生赢家。在这种完美的精英统治下,民主已死。

※ ※ ※

在 20 世纪中叶,杨写下这本书时,英国的精英主义还不完备。当时,正如主人公在书中说的那样,"国王学院[1]和巴利奥尔学院[2]也不能确定,校友的儿子是否能继承父辈的优点"。⁵ 这是利兹市屠夫的儿子艾伦·贝内特(Alan Bennett)可以通过 1954 年牛津大学入学考试并获得奖学金的世界。三年后当他从历史学专业毕业时,获得了一等的学位,这让所有人,尤其是他自己都感到惊讶。半个世纪后,他写了一篇文章,承认自己在所有的考试中都作弊了。

没有多少人会称其为作弊。在考试准备期间,贝内特所做的一切就只是把考点和课文切成"细碎的肉末",写在一堆他随身携带的卡片上,这是他的便携备考套装。然后他翻阅了以前的考

---

[1] 伦敦国王学院是一所公立综合性学校,英格兰第四古老的大学。截至 2020 年,学校共培养出 16 位诺贝尔奖得主、1 位图灵奖得主、2 位拉斯克医学奖得主,以及浪漫派诗人代表约翰·济慈、英国文学巨匠托马斯·哈代、意识流文学先锋弗吉尼亚·伍尔夫、电磁学之父詹姆斯·克拉克·麦克斯韦、"上帝粒子"提出者彼得·希格斯、DNA 发现者莫里斯·威尔金斯、护理学创始人弗洛伦斯·南丁格尔、现代外科学之父约瑟夫·李斯特、科幻巨头亚瑟·查理斯·克拉克,以及 19 位国家元首或政府首脑和 37 名现任英国议会议员。

[2] 牛津大学巴利奥尔学院(Balliol College, Oxford)是牛津大学最著名、最古老的学院之一,以活跃的政治氛围著称,曾经培养出了多位英国首相和其他英国政界的重要人物。

卷,并练习将每个问题变成可以用他卡片上内容回答的套路。他发现考试答题有点像写新闻稿,"错误的方向更容易引起注意"。[6]1957年,他将所有这些都视为作弊——半个多世纪后,他依然这么想。

贝内特的戏剧《历史男孩》(*The History Boys*)的主人公是20世纪80年代在谢菲尔德文法学校读书的八个男孩,他们正在备考牛津大学。他们其中一位老师叫赫克托,是一位传统主义者,倡导为了学习而学习,并认为考试是教育的敌人,即"欺骗的通行证"。另一位老师是欧文,他是校长新聘来教授男孩们考试技巧的,希望牛津大学的入学名额能够给学校带来荣誉,并提高学校的排名。欧文的方法是让男孩们的作文更生动活泼,使他们在阅卷官面前的成堆的卷子中脱颖而出。他教他们如何用另类的事实、有杀伤性的引用和反向的论据来吸引眼球。欧文认为,"对于考试而言,真实性只不过是品酒会上的口渴或脱衣舞中的时尚"。

像欧文一样,年轻的贝内特也意识到,牛津大学的老师偏向剑走偏锋的思维和华丽的辞藻。考试本质上是荒谬的,是一种学术剑术,是一种发证书的表演。因此,考试要穿"戏服":他必须在考场穿着正装——深色西服、黑色鞋子、白衬衫、领结、学位帽和长袍。

牛津大学的考试习俗起源于中世纪。中世纪的大学考试不是在课桌前默默地写字,而是口试,形式取自法庭辩论或古代体育比赛。口试中,由考生发表陈述,而反对者则驳斥他的论点,很大程度上像是口头上的中世纪决斗。从18世纪末开始,牛津逐渐转向笔试。但是考试仍带有运动和决斗的色彩。它偏好敏捷的思维、引人注目的博学和修辞的风范——精神生活也可以是竞技比赛。

时至今日，还有一项牛津大学的考试保留了这种学术上的戏剧感。历届毕业考试的第一名都会受邀参加牛津大学万灵学院的奖学金考试——初秋时节为期两天的艰苦环节，考生一共要写四篇论文，每篇三个小时。考题被精心设计，非常新奇，目的是测试考生的反应能力和智商。"什么是一个人？""为什么皮夹克比皮大衣更容易被人接受？""可以强迫我们自由吗？""你的身体归自己所有吗？""你是吸血鬼还是僵尸？""书太多了吗？""Google是否比我们更了解我们？""关于龙有什么严肃著作吗？如果没有的话，请写一个。"尽管大多数考生都是考场上最耀眼的明星，但却依然被考得头晕目眩。

* * *

在中国的封建王朝，科举是千军万马过独木桥。农民、小贩和工匠的儿子甚至负担不起应试的费用。所有的事都需要钱——请老师，买书，笔墨纸砚，路费，住宿，给官员的打点以及给考官的谢礼。如果一个人家里上三代从事过"低贱职业"，比如做娼妓或者当戏子，也不能获得考试资格。

即使对于有资格参加考试的人来说，十年寒窗也通常是一无所获的。如果援引经典略有错误——即使是一个笔画写错——他都会失败。如果考试时蜡烛滴油,在考卷上烧了一个洞,或者蜡弄脏了卷子,或者一滴雨水弄模糊了字迹,或者他不小心跳过了答卷的一页,或者如果稍稍偏离了八股文的格式,或者如果考官(只有几天时间,却要批阅一大堆封着名字的试卷)认为他的精彩作答平平无奇,那么他都会名落孙山。

科举失败只可能有两个原因:命和运。要么神仙早已定下了他是条贱命,要么他已经耗尽了这辈子有限的好运。这并没有让帮母亲给儿子算事业运的算命学者、风水先生和易学大师香火稀薄,也没有让声称可以在考场上用笔仙替考生默写儒家经典的灵媒生意凋敝。

大多数考生从未中过童子试。童子试中,尚未束发的年轻人——他们还不到15岁,尚未进行束发之礼——可以被问更简单的问题,批阅也更加宽松。因此,每个考生都假装成14岁,其中包括已经中年的老考生。考官怜悯地注视着他们有了皱纹的前额,灰白的鬓发,后退的发际线以及满是胡茬的下巴——就睁一只眼闭一只眼了。

科举制度培育了大批受过教育的人,并且他们受教育的时间有点太长了,永远在经受失败的打击。在17岁至56岁,山东学者安致远(1628—1701)连续十五次未能通过乡试。在70岁生日的时候,他回顾参加科举"文战"的经历,骑着驴西行省会济南赶考的疲惫旅途,穿着长袍在初秋的寒冷中瑟瑟发抖。"当我回想起古语'成败由命'时,我感到自己仿佛已经从梦中醒来,或从酒醉中苏醒",他写道,"我只能为自己的垂垂老矣感到悲伤,无法阻止时间的流逝。"

他回忆起 1666 年春天,他登上了神山泰山。登到一半时,他遇到了一位白发道士,道士低头看着他,说:"你注定不会在尘世中脱颖而出。十年后来这棵高大的松树下见我,我会告诉你这个世界之外的东西。"他这个还不满 40 岁,仍然做着科举梦的人,忽略了老人的话。现在,失败了许多次之后,他感叹"道人已经走了,我不知道他去了哪里"。[7]

***

另一位山东作家蒲松龄(1640—1715),年仅 18 岁时就在童子试中名列前茅。两年后,他乡试落榜——然后余生一直没能考中,在私塾教课糊口。1679 年,当他快 40 岁时,他因为把时间徒劳地浪费在学习上而自责:"我喝酒是为了下笔如有神,但只是排遣了孤独的痛苦。"

蒲松龄的小说《聊斋志异》满是连年考试的考生,他们的生活因即将来临的科举考试而永远被蒙在阴影中。当他们落榜时,他们会"嚎啕痛哭,希望自己死了,但在旁观者的眼中,再没有比这更可笑的事了"。一些角色死了之后,灵魂继续替他们参加考试。一位考生中举后高兴地回到村里,结果妻子告诉他说,他已经去世三年了,仍然没钱办体面的葬礼。

在蒲松龄的《七似秀才》中,一位乡试考生被比作七种东西。"初入时,白足提篮,似丐。唱名时,官呵隶骂,似囚。其归号舍也，孔孔伸头，房房露脚，似秋末之冷蜂。其出闱场也，神情惝怳，天地异色，似出笼之病鸟。"等着放榜时，想到考中后要住在华美的楼阁里，却还是害怕落榜，他像"被絷之猱"。发现真的落榜了，就如"饵毒之蝇"。当他为考试的不公而哭泣，放火烧书，踏碎书灰，投进水沟并下定决心披发入山时，他就似"破卵之鸠"。怒气消退后，他又重新开始。

蒲松龄曾经是那只破卵之鸠，重新筑巢，决心再试一次。根据他1713年写于妻子去世不久之后的一封信，在他50多岁时，她曾恳求他放弃。她说，如果他命中注定成为达官贵人，那现在就应该已经是了。她说："山林自有乐地，何必以肉鼓吹为快哉！"[1] 蒲松龄承认她说得对，但是当他看到孙子要去参加乡试时，他寂灭的希望又复燃了。妻子告诉他："我无他长，但知止足。"[8] 蒲松龄终于在妻子去世一年后放弃了考试。他当时已经72岁了。

* * *

在地球上的某个地方，无论一年中的什么时候，年轻人都在忍受着日语中读作"shiken jigoku"的东西：考试地狱。

每年大约有一千万中国年轻人参加高考。他们整个学生时代都在准备这场考试。差生被送到"高考小镇"，即寄宿制的巨型

---

[1] 意为："山林中也可以找到快乐，你为什么非要一呼百诺呢。"

高中，家人在附近租房。教室的电子屏显示着高考倒计时。老师用头戴式麦克风讲课，以使学生保持清醒。

中国有句谚语将高考比作"千军万马过独木桥"。作为中国大学录取的唯一标准，三位数的高考分数是他们少年时代必不可少的裁判。大学排名非常固定，坐落在北京的北京大学和清华大学名列前茅。老师向学生灌输的终极恐惧是——如果高考失利，就不得不上三流学校。1966年，高考被取消，贫下中农地位提升。现在，年轻人不太愿意在乡下生活。高考的成功意味着在顶尖大学的一席之地，然后就意味着在大城市的一份好工作。五分之二的学生根本没有机会接受大学教育。

6月7日，为期两天，共计九小时的高考开始了。警车关闭警笛，驾驶员禁止鸣喇叭。嘈杂的工厂和建筑工地关停。广场舞者关掉喇叭。增派的警力在周边巡逻，以确保高考考生们可以找到考场。售票员在地铁站向他们挥手致意，出租车司机给他们搭便车的机会。他们的父母去孔庙里为他们点灯祈福。

这个时间，各地的考试仪式都是一样的。大量的年轻人鱼贯进入学校礼堂或体育馆。他们走进考场，数百张桌子单张摆放，呈几何对称，这个景象给人不安的感觉，但同时还具有几何上的美感。每个人都有一个贴着编号的位子，摆放铅笔盒（为了防止作弊，必须是透明的）、瓶装水（标签需要撕掉）和纸巾（考试的季节通常花粉过敏高发）。在接下来的几个小时中，互相分隔的桌子成为焦虑的小岛。每个岛上的居民都会写下自己的未来，同时也都在想如果考试不利会发生什么。

在那几个小时里，每个岛民都会感到自己是完全孤独的。但是他们也会对周围的岛民感到特别亲切，非常熟悉前方考生们的后脑勺。这是考试的对手，他们通过两件简单的事产生联系：他们的母亲在同一学年生下他们，而他们的姓氏在字母表中相邻。也许他们甚至觉得自己与全国其他体育馆的桌子上的岛民之间产生连结——他们是完全的陌生人，此刻也在回答关于河迹湖、卤素的反应性或64的平方根的问题。

他们谁都不是自愿待在宽阔的体育馆之海、桌子之岛上的。他们也没有自愿将所有的时间都花在鸟笼一样的房间里，用咖啡因和肾上腺素保持清醒，修改过分乐观的复习时间表，绘制思维导图，并用荧光笔给笔记标色。他们已经为这场考试烦心和呻吟好几个月了，烦恼和抱怨早已在他们当中蔓延开来。但是很少有人质疑为什么必须经历它。因为那将是对他们文化中成功的主流标准的质疑——这将意味着消解使他们在世界上有归属感的社会习俗和文化背景。

挂钟秒针发出滴答声，整点到了，这就是信号："考试开始了。"一阵翻卷子的声音传来。现在，他们变成了鲁珀特·布鲁克（Rupert Brooke）在他的《考试中》一诗中所嘲笑和怜悯的"呆呆的写字的傻瓜"。他们写到手腕和手掌酸痛为止，而在这个大家只会用拇指发短信的时代，考试是手写字最后的堡垒。

紧张中，沉默充斥着整个房间。只有偶尔的咳嗽声，聚丙烯椅子吱吱作响的声音，或监考人员的脚跟在木地板上发出的咔哒声。经常有人举手要更多的纸张或上厕所。然后，时钟的分针第四次也是最后一次到达垂直位置。主监考官告诉考生停止答卷，就好像正在宣布判决一样。笔咔的一声落在桌上。收卷时传来无声的叹息和压抑的笑声。只有当主监考官将考卷的数量与考生数量核对无误时，他们才被允许离开。随着刺耳的椅子挪动声，他们像笼中的小鸟被放回阳光和空气中一样，长舒一口气。

* * *

在英国，考试结果在八月的一个星期四揭晓。地方报纸的摄影师被派去学校操场上，为考试成绩优异的学生拍摄跃在空中的庆祝照片。失败者只能在相机照不到的地方哭泣。在社交媒体上，名人列出了他们早年的糟糕成绩，配着一句这样的话："不用担心你的成绩：看看我当年考得多么糟糕！"（隐含着这样的一层意思："再看看我的现在！"）这种新的、也许是友善的习惯，是混淆认知的原因所在。此刻，年轻人被迫面对正式而非常明确的失败，并且在老师多年提醒失败可能意味着什么之后，他们得知，他们无权感到难过。

发布成绩的时候最焦虑的人既不是学生也不是父母，而是中学的班主任，在夏末那个重要的星期四之前的几个星期里，他们寝食难安。如果学校的考试成绩不佳，并且排名下滑，校董、家长和当地媒体会怎么想？这些排名绝对不是班主任所想要的，设立它们的目的是促进学校之间展开激烈的竞争并提高教育水准。排名还会影响教育标准局的检查。对于老师，"教育标准局"这个名字能够引起本能的恐惧感。它可以将学校评级定为"不合格"。失败的学校面临着更严格的审查、被成功的学校接管甚至关闭的耻辱。当学生失败时，他的学校和老师也会一起经受失败。

每年，大家都会因为考试结果和评分标准而产生不分胜负的激烈争论。人们再三抱怨考试太容易了，或者评分太松了。在这些争论的背后隐藏着一个陈旧的观念：考试是一个黄金标准。数学考试的 C 等成绩必须是一个不变的值，就像 64 的平方根一样永远固定。并且在英语或者拉丁文这样完全不同的科目中，也一定有与 C 级相对等的固定值。

令人不安的事实是，并非所有事物都可以如此轻易地被计量，因为我们不能这么简单就超越人类的混沌。很少有人愿意承认这一点。就像骑自行车一样，如果过多地考虑怎么踩踏板和保持平衡，就很容易跌倒。从自行车上摔下来是很痛苦的事，因为这使我们显得很愚蠢。因此，我们只需要保持信念，相信自己能骑好自行车。

* * *

在封建时代的中国，保持对考试的信仰是一生的功课。吴敬梓经典小说《儒林外史》（著于约 1750 年）中的人物一直怀着通过考试成就一番事业，变成帝国新星的梦想。在实现这一目标的少数人中，并没有人感到自己升入了尘世间的天堂。他们唯一的回报来自满足了并非完全自发的抱负，并感到非常空虚。

周进在小说中第一次出现时已经60多岁了，是一个屡考不中的老童生，不得不以教书和记账为生。他承受了这么多失败，非常心灰意冷，以至于进入乡试考场时，长叹了一口气，一头撞在木板上，两眼漆黑地跌倒在地。然而，他还是完成了考试，这次不仅通过了，而且令人惊讶的是名列第一。

曾经将周进从学堂解雇的村民们现在造了一座祠堂，中心竖着一块牌，上面用金字写着他的辉煌事业。他的书法作品被从墙上取下来，洒上水以便保存，并再次装裱，被奉为圣物。素不相识的人都说自己是他的朋友。吴敬梓塑造的另一个角色范进已经54岁，一直未能考中乡试，家人已经穷困潦倒。他的岳父胡屠夫，嘲笑范进衣衫破旧，是个草包。范进向胡屠夫讨要参加最后一次乡试的路费。胡屠夫啐了一口在地上，"不要失了你的时了！你自己只觉得中了一个相公，就'癞蛤蟆想吃起天鹅肉'来！如今痴心就想中起老爷来！像你这尖嘴猴腮，也该撒抛（泡）尿自己照照！"

范进还是凑了点钱，去省城考了试。回来以后，他得知家人已经饿了两三天了，他必须去集上卖掉最后一只产蛋的母鸡，买几升米煮粥吃。在集上，范进听说三个人骑着马到了他家。他中了乡试的第七名。他在镇上飞跑，大叫着"噫！好了！我中了！"，即使掉进泥塘里，也继续拍手笑着。镇上众人涌向范进的家，送他银子、米、土地、仆人、银筷子和精美的瓷器。于是胡屠夫现在开始声称一直觉得女婿才学高，相貌好，当年还拒绝了向女儿求婚的富户，因为他知道女儿会嫁给一个老爷。

范进被任命为山东学道，但是后来他丢了脸：在和其他举人谈天的时候，被人发现竟然不知道苏轼，而苏轼是中国最伟大的诗人之一。像其他所有中榜考生一样，范进的知识非常粗浅。除了考试涉及的几本儒家经典著作外，他从不想着去读书。另一位学生说："哪怕是孔子，如果活到今天，准备考试学习八股文，也不会说出'言寡尤，行寡悔'。[1] 为什么？因为说出这样的话他将无处可去，没有人会给他官做。"书生们只学会了把孔子的道德权威假装成可以使考官满意的虔诚。那些经书让他们成为撞开荣誉和杰出之门的公羊，可门开了之后他们甚至不会再读一个字，马上抛在一边。

书生们认为，考试能让空虚的人生发生魔法般的转变。就像谚语所说：**书中自有黄金屋，书中自有颜如玉**。那些中榜的人的确感觉似乎进入了天堂——但是，快感在送信的人宣布好消息的时候就消失了。他们已经用深红色的长袍和镀金腰带换下了破布衫，他们过去与之为伍的卑微书生现在对他们卑躬屈膝。但是成功并没有使他们摆脱困境。吴敬梓小说中唯一的自由人是在山上过着隐居生活的真正的学者，试图将自己的生活锚定在更崇高的东西上，而不是疯狂攀登考试的山峰，想成为天上的"文曲星"。

这些真正自由的人之一可能就是吴敬梓本人。他出生于一个有名望的家族里，高官辈出。他年轻时也很擅长考试。然后，他的父亲出于某种不明的原因得罪了前辈，丢了官职，一年后就去

---

[1] 出自《论语·为政》，意为言语上减少过失，行为上减少悔恨；指说话做事慎重因而很少犯错误。

世了，而当时吴敬梓仅有23岁。父亲的逝世让吴敬梓产生了幻灭感，他开始挥霍遗产。28岁的时候他醉酒参加科举，震惊当地。33岁移居南京，整日聚会玩乐。在53岁去世之前，他几乎一文不名，靠写书赚点小钱糊口。

*　*　*

生活在一种文化中，我们是如此沉浸于其中的习惯，以至于我们根本没有将它们视为习惯。只有拉开时间和空间的距离，我们才会感觉生活看起来有多么奇怪。以我们现在更加理智的眼光来看，清代中国的科举仪式显得多么奇怪，高考的"内卷"多么惊人！遥远国度的成功标志看起来多么不可思议，赢得的成功和付出的努力很不成比例。而我们自己的习惯，在习俗和偏见中根深蒂固，我们自己是不可能鄙视它的。我们看不到它是如何让我们深陷其中，并对世界的其他运转方式视而不见的。行为科学家保罗·多兰（Paul Dolan）称其为"叙事陷阱"：我们讲述自己的故事，讲述应该如何生活，结果却使我们感到失望。

罗切斯特伯爵称人类为"那只虚荣的动物/为理性感到如此骄傲"。使我们最失望的故事是隐藏在科学外衣之下的故事，比如告诉我们可以巧妙地细分和评估人才的故事，还有告诉我们可以基于这种评价公平地分配回报的故事。

每个社会都奖励那些他们所看重的品性。现在，大学主要被视为经济增长的引擎。政府对一门成功的大学课程的定义是，其学费的高低与该课程毕业生能拿到的薪水数额相关。投入和产出都需要可衡量，并且相匹配。我们和学生多次强调，要取得成功，他们必须成为一种人力资源，有一整套可以产生价值的技能。人文教育的传统目标——帮助年轻人找到生活的意义，并以忠于自己的方式发展天赋——已经显得如此幼稚和落后于时代了。

精英主义下，一个人作为人力资本的价值才是最重要的。在资本中利益最大化意味着不要太在意自己的志向。所有年轻人都对这些问题的答案感到好奇：我是谁？我在这里要做什么？我怎样才能过好自己的一生？而留给年轻人自由地探索和好奇的时间已经不多了。也许比失败更糟糕的是，你会陷入追求高成就的循环之中，而你在内心深处并不认同这种成就。

这是精英主义的致命缺陷：不是因为它注定会使人们失败，而是因为它将成功定义得太过狭窄。在专注于我们设定好的看似客观的目标时，它忽略了我们尚无法衡量的人类潜能。它要求人们按照别人设定的规则，玩他们不想玩的游戏，去赢得他们可能不想要的奖品。这也感觉像是失败一样。

* * *

在精英主义一词出现之前，陶尼创造了一个短语，"蝌蚪哲学"。陶尼认为，这种哲学的内涵是不平等的社会如何为自己正名——说服所有的蝌蚪他们有机会摆脱失败的生活，成为青蛙。他写道，每个蝌蚪都告诉自己，它将成为极少数的青蛙，"有一天能甩掉尾巴，张大嘴巴，敞开肚皮，灵活地跳到干燥的土地上，并向从前的朋友呱呱叫着，说成为青蛙要具备怎样的特点和能力"。[9]

蝌蚪看不到的是它们根本没有真正的失败或成功。它们的变态与努力或具备什么优点无关，让它们的腮缩小，蛙腿长大的不过是荷尔蒙的变化而不是辛勤的工作和才能。为了完成这十二周的变化并成为一只幼蛙，它所需要做的所有事情就是找到足够的食物，并避免被水里的甲虫、蝎子和水蚤吃掉。大多数小蝌蚪都死在它们的嘴里。

但是只想当一只蝌蚪有什么错误呢？每只蝌蚪都已经完成了从蛙卵的进化。曾经它只是一个裹着粘胶的黑点。然后，黑点的一端长出一颗头，另一端长出一条尾巴，并从粘胶里挤了出来（其他大多数黑点都没这么幸运）。小蝌蚪可以像所有其他生灵一样理直气壮地活在地球上，过着自己无辜、素食的蝌蚪生活。从宇宙的尺度来看，生命也许是短暂而微不足道的，但是在宇宙的深处，青蛙的生命就是如此，人类也是一样。我们觉得青蛙的肺和腿比蝌蚪羽状的腮和鳍状尾巴要好。但是我们之所以会这样认为，难道不是因为我们也有肺和腿吗？

* * *

迈克尔·杨曾写过《精英主义的崛起》，作为给世人的警醒。早在 2002 年他去世之前，精英主义这个词就摆脱了所有反乌托邦的联想。与之相反并且让他非常不满的是,精英主义成了不公平世界的解决之道,成了英勇的特权杀手,成了在不公平的社会中对于流动性的许诺,就像为苦药加上了糖衣。以它的名义出现了不断考试、评价和排名的文化。杨的讽刺现在甚至可能被误解成这种新宗教的圣经。

杨认为,如果只有一种对于优秀的定义,它试图用同一个狭窄的筛子将每个人筛入一碗可衡量的价值中,这就会导致那些没有过筛的人产生怀疑和绝望。但他没有预料到过筛的人也会产生怀疑和绝望。他书中所谓的精英们都沾沾自喜地相信了自己的卓越。当然,这样的人确实存在于现实生活中。精英主义就是这样,用自夸的优点为特权辩护。但是,并不是每个人都那么容易相信奉承话。如果战争的胜利者从来没有选择过打仗,他们也会觉得很痛苦。

任何给年轻人教书的人都会发现他们身上看不见的焦虑症状。在我的办公室里,有些学生在我面前崩溃,陷入了无法化解的痛苦之中,而我对如何帮助他们一无所知。并不是说所有人或者大多数人都遭受着这样的苦难——但数量已经足以让我们非常想知道他们到底怎么了,哪怕无法了解清楚痛苦的根源到底是什么,因为苦难的根源有太多的分岔。

陷入困境的学生所获得的帮助,主要是有关如何生活得宜的建议。他们接受正念训练,和治疗犬互动,或者接受关于健康饮食和良好睡眠的指导。这些事情可能会有所帮助,但它们不过是敷在裂开的伤口上的石膏——而且,还是必须由患者自己去敷的石膏。这个新的表述——"精神健康与福祉"——在我看来，似乎试图将剧烈的情感痛苦变成舒缓可控的情绪。而生活窍门和自我疗愈是无法修复病态的社会的。

激进的治疗师戴维·斯迈尔（David Smail）使用"魔幻的志愿主义"一词来描述一种谬论，即仅仅通过自己的努力，我们就可以防止失调的世界使我们感到痛苦。在魔幻的志愿主义中，痛苦的人必须使自己适应使他们痛苦的制度。结果，发生的事情只是让他们变得更加沮丧。抑郁是一种内在的抗议，是对现实的无声反对。你的大脑不会对世界运转的方式感到生气，相反会痛斥自己。随着成功渐行渐远，你告诉自己，必须从失败中振作起来，然后继续努力。这的确是残酷的乐观主义。

考试制度有时被比作温室——就像约克郡大黄三角区[1]那些漆黑的棚屋一样，大黄在里面生长得如此之快，甚至可以听见它吱吱爆裂的声音。但是，这种比喻并没有真正起作用。在温室中的成长虽然是人为促进的，但至少它是真正的成长。温室培育的大黄虽然和野生的不完全一样，但是它仍然尝起来酸甜可口。

我认为，对于考试制度而言，更好的比喻是保养良好的草坪。草坪是单作的。它把大自然里令人愉悦的野蛮生长变成整洁的、人工的几何形状。人们用大量的水和化学物质来喂养特定的、柔

---

[1] 大黄是一种在西方受欢迎的蔬菜；大黄三角区是指在韦克菲尔德、莫利与罗斯威尔之间的一个三角形地区，有时也包括布拉德福德和利兹地区，自19世纪初，就以早春出产的大黄而出名。

软的草种,而其他的生物都要被消灭掉。草坪需要除草、透气、驯化、整理、修剪、施除莠剂,除了草以外的所有生物都被杀死,甚至雏菊和婆婆纳这样好看的草也不能幸免。

考试系统也是单作的,因为它只允许"种植"某些类型的人才。它看起来像草坪一样整洁,但杀死了你永远无法再次看到的美丽事物,例如那些没有养成保持整洁的学习习惯的创意天才。它屈服于我们对可数性的执着,因为我们习惯性地偏爱那些可衡量的东西。并非所有值得学习的东西都能填进我们已经决定需要填补的技能位里。有些事情太不可思议了,无法被转化为数据,但这并不意味着它们无关紧要或不存在。

* * *

在美国的大学毕业典礼上,通常会请名人前来致辞。致辞遵循着固定的套路,发言人以失败者的身份出现,讲述他们失败的经历。J. K. 罗琳告诉哈佛大学的毕业生她自己毕业后,成为"我所知道的最大的失败":一个单身母亲,经历了短暂的失败婚姻,靠福利生活。但是,这种失败使她"剥离了不重要的东西"。她开始转而花精力去做唯一重要的事情——写下《哈利·波特》。

脱口秀节目主持人柯南·奥布赖恩(Conan O'Brien)向达特茅斯学院的毕业生们说,他未能如愿成为《今夜秀》的主持人。他说,这教会了他"如果你接受了不幸并妥善处理好,失败就会成为巨大的进步催化剂"。丹泽尔·华盛顿(Denzel Washington

告诉宾夕法尼亚大学的毕业生，30年前他在百老汇剧院的第一次试镜失败了，而现在他却在同一个剧院出演主角。"失败也是向前进，"他劝告道，"每一次失败的试验都使你离成功更近了一步。"亚伦·索金（Aaron Sorkin）对锡拉丘兹大学的毕业生说："去冒险，敢于失败，记住第一个穿过墙的人总是会受伤。"奥普拉·温弗瑞（Oprah Winfrey）告诉哈佛大学的毕业生："并不存在所谓的失败——失败只是因为生活试图将我们引向另一个方向。"

我永远不会接到在毕业典礼上致辞的邀请。但是，如果有人邀请我，我希望我有破坏气氛的勇气。

尊敬的校长、副校长、各位来宾、毕业生们、女士们和先生们（我要开始发言了）。我已经参加了很多这样的仪式，而且我清楚仪式的套路。我，一位名誉研究员，戴着毡帽，穿着天鹅绒礼服，坐在王座一样的椅子上，台上的人介绍我是多么优秀。然后大家脱下帽子，我被引向讲台，接下来你们所有人都要聆听我充满智慧的发言了。我要对前排即将毕业的学生们说几句话。我告诉他们我曾经遭遇的失败，然后告诉他们不要对自己的失败感到沮丧。我说："**不要害怕失败。失败是礼物。唯一的失败就是害怕失败。我一生都在失败，但它们是我今天来到这里的旅程中非常重要的部分。**"

在这一点上，你可能会想到这是一个一直在谈论失败的奇怪场合。毕业典礼的全部意义难道不是大声宣读毕业生已经成功拿到学位了吗？整个学生生涯中，一系列的考试分数证明了你的进步以及接受下一阶段教育的权利。你的学位证书是一张带有凸纹和金色印章的压纹硬纸，放在一个像品客薯片筒一样的硬纸卷筒里，它可以向全世界证明你所取得的成功。虽然你的涤纶礼服和学位帽无法与博士学位获得者猩红色和金色相间的长袍、松软的毡帽和带毛皮衬里的兜帽相媲美，也比不上校长衣服上重得需要有人托住的金色织锦和蕾丝。毕业典礼是金光闪闪的收获季节，就像所有金光闪闪的东西一样，它代表着成功。

因此，当演讲者此刻选择用失败的故事打击你，请注意故事背后的意思：这些成功是远远不够的。你将需要再次努力并取得成功，否则你就会一再地失败。在精英主义中，即使是获胜者也需要继续这个游戏。对你的评判将持续终生。

我相信精英主义——在某种程度上。当我组织考试并阅卷的时候，我如何能够反对考试呢？但是我也相信民主。民主并不是希望成为被选举的人之一，而是拥有选择权——有权寻找你自己的方式来度过有意义的一生。希腊人称其为 Eudaimonia，或"人的蓬勃发展"。蓬勃发展意味着开花盛放，而花朵之间不会互相竞争。它们以自己甜蜜的方式开花，不用别人告诉它们如何开放或用其他的事物来衡量自己。通常我们自己是决定如何运用天赋的最佳人选。

每个人都藏着一方深深的蓄水池，除非它被填满，否则我们不会开始探寻它。当我们能够充分探索自己未知的才能的时候，我们往往会令别人和我们自己都感到震惊。相信你的才华，它们将成为你一生的慰藉之源。按照世俗的标准或者别人的眼光，无论你是成功抑或失败，都没有关系。那些蓬勃发展的人相信一套完全不同的价值尺度。因此，我今天不会给你讲失败如何帮助我到达此处。我只想说：祝贺你取得成功。愿你用它来找到自己的蓬勃发展之路。

4. 生活是地狱，但至少还有奖励
为什么回报永远都不值得？

"生活本身就是一场庆祝活动，每个人都获得了邀请，我们要做的就是出席。我们失败与否并不重要，因为每个人总是有足够长的生命。生命不是需要抢在别人之前得到的奖励。它是世界赠予我们所有人的礼物，是大自然的恩赐，是免费的意外之财——只要我们准备好接受它。"

小学时，有一次，我写了一首关于巨型果酱三明治的诗，得到了三颗星星。老师从不干胶纸上撕下它们，粘在作业本上。这其实是非常微不足道的东西。但是，获得三颗星星的机会又是很稀罕的，也许是前所未有的。因此，老师带我走遍了所有其他教室，炫耀了一圈，而其他孩子则不得不站起来为我鼓掌。

我仍然记得，当她带着我轻松活泼地走遍学校时，那种因为被注意而欣喜，脸上又尴尬得发烫的感觉。尴尬与我抄袭了珍妮特·伯罗薇（Janet Burroway）的著作《巨型果酱三明治》（*The Giant Jam Sandwich*）中的诗毫无关系，对于这一点我一点都不感到羞耻。这与我赢得一场我从未同意参加的比赛有关。我对其他所有想要和不想要的学校奖励的感受都相同——从拼写比赛到九九乘法表比赛都一样。我渴望被选出来接受表扬，但不可以按照其他人的条件来。诗人马克·多蒂（Mark Doty）写道："奖励的可怕困境是：我们不能相信我们应得这些奖，但也不能完全相信我们不应得。"[1]

***

如果我是研究现代职场的人类学家，我的田野调查将从一种有趣的新现象开始：员工颁奖典礼。这些仪式仿照英国电影和电视艺术学院奖[1]以及艾美奖[2]，只是没有配着专职司机的豪华轿车、红毯和媒体摄影师的闪光灯。它们在酒店的大宴会厅举行，厅内有着大屏幕和脉冲灯光，清晰显示着公司的徽标。一般由脱口秀演员或其他名人主持，将亚克力的奖状颁给"先进组织奖"和"优秀新人奖"的获得者。

经理们用一个通用的短语来解释这种职场新现象：庆祝成功。我注意到几年前大学里突然普遍出现的一种现象，就是副校长向员工颁发奖章以奖励他们在研究和教学方面的突出表现。"庆祝成功"的字眼说明，这些奖项不是真正靠员工之间相互竞争得来的，而是靠学校高层认可的。谁会反对庆祝成功呢？那该多么的煞风景啊。

好吧，我就是一个煞风景的人。我一直认为这些奖项特别有屈尊俯就的意味，很是有害。庆祝成功是小学生行为，和贴小金星差不多。现在，它已经进入工作场合，所以我们所有人都被变得孩子气起来。"庆祝成功"使我们与同事竞争，并使我们微微焦虑，不得不追求更完美的表现。它让工作不再仅仅是与雇主的一份合约，而是一种支配人生的激情，我们当中最好的人要"超越自我"。

---

[1] 英国电影学院奖（British Academy Film Awards）是由英国电影和电视艺术学院颁发的一年一度的电影、电视艺术的最高表彰，相当于美国的奥斯卡奖。该奖项创建于1947年，原主要表彰对象是英国电影及由英国籍演员演出的外国影片，但近年来提名较开放，只要在英国正式上映的影片都可获提名，奖项改为面向世界各国的影片进行评奖。
[2] 艾美奖是美国一项用于表彰电视工业杰出人士和节目的奖项，其重要性堪比电影界的奥斯卡、音乐界的格莱美、戏剧界的托尼。

当被问到谁赢得了团队赛跑时,《爱丽丝梦游仙境》中的渡渡鸟说:"每个人都赢了,所有人都必须有奖励。"渡渡鸟显然在胡说八道,因为这只能在仙境里实现。不可能所有人都赢得比赛,如果每个人都获得了奖励,那么奖励就毫无意义。奖励是经济学家所谓的地位性商品。它的价值源于其稀缺性,即其他人有多么难以获得它。每给某人发一个奖,这个奖就不能被发给其他人。每次庆祝成功时,你都在定义什么是成功——以及什么是失败。

工作里的颁奖典礼不是真正的关怀,而是懒惰的一个替代品。与花费大量时间和金钱来引导、激励和关心所有员工相比,给某些员工发个奖是更便宜、更简单的事情。对于职员来说,争夺奖励也要比抱怨工作不稳定或性别工资差距更好。如果我成为领导,我也一定会为下属颁发许多奖牌和荣誉,这样他们就会忙于竞争这些奖项,没时间密谋让我下台。

* * *

"生活是地狱,但至少还有奖励。"珍妮特·弗雷姆(Janet Frame)的故事《奖》开篇写道。无名的叙述者(正像是弗雷姆自己)贪婪地说着她在学校所获得的书法、诗歌和作文方面的奖励。扉页上印着校训的牛皮封书籍、卷轴证书、十先令的邮政汇票:这些是她摆脱同学的"无孔不入的拥挤"的手段。但是到了故事的结尾,等她已经长大的时候,不再有学校的肯定,她发现自己"不再能把得奖作为堡垒"。[2] 她一直在和谁竞争?是她自己和全世界的每个人,但她们中没人能够真正赢得任何一场比赛。奖最后变成了糟糠一样没价值的东西,她变得无依无靠,感到非常失落,生命于是走向终点。

作为一个害羞的人,虽然不像弗雷姆那样因为失去奖励而感到极度的痛苦,但我能理解为什么她被奖励所吸引,因为害羞导致的连锁反应之一就是很难让人记住。害羞的人比普通人更难令世界留下深刻的印象,更有可能被视而不见。我是一个容易被忽视的人。这不是自我贬低,而是来自自身经验,这是多年来在亲身实验中所积累的事实。我的脸、声音、步态以及其他在世界上占据空间的方式,很难给人留下印象。我经常需要重新向以前遇见过的人介绍自己,有时就是不久前才刚遇见过。如果他们对忘记我感到难过,我会假装他们是对的,毕竟之前没见过。有一次,在一场会议上,我不得不向一个参加我当天早些时候演讲的人重新介绍自己的身份。在他一直坚持说那场演讲是其他人做的之后,我就不那么想附和他了。

因此,我也因为社交的不确定性被忽视和打败了,因此向往奖励带来的坚定的荣誉感。奖项感觉像是我们这样害羞的人可以积累的东西,也许会使我们受到关注——因为我们也是社会动物,与任何人一样渴望被欣赏。奖励看起来像是我们可以在真实世界使用的代金券,能为我们换来接纳和认可,或者至少在某些时候能发挥这样的作用,比如当我们不是社交怀疑论者和不合群的人时——我们害羞的人经常扮演这样的角色。我们深深地知道,即使我们试图用老师打的对勾和金星换取自我价值,这也永远不够。

对奖励的无休止的追求只会使我们更像失败者。

***

1938年，弗吉尼亚·伍尔夫（Virginia Woolf）因为充满对即将到来的世界大战的恐惧，发表了一篇愤怒的长文，名为《三个几尼》(*Three Guineas*)。这本书是对想象中向伍尔夫寻求建议的三封信的回应：一封是来自"受过良好教育的绅士"的关于如何防止发生战争的信，一封是来自妇女联盟的关于如何帮助妇女找到工作的信，以及一封来自女子大学建设基金的信，咨询如何鼓励女性接受更高阶段的教育。这三位来信者都在争取一笔经济资助，就是标题中的《三个几尼》。作为一名不能接受正规教育的女性，伍尔夫贡献了关于男权的思考，而不是捐了钱。

《三个几尼》的配图是看起来位高权重的男人们的大幅照片。一位是正在游行中的老将军，衣服是镶满奖牌和绶带的夹克。还有一位领导着游行队列的大主教，身披主教服装，手持权杖和十字架。还有从法庭台阶上走下来，戴着假发、穿着长袍的法官。以及排成一列的大学老师，他们穿着长袍，戴着流苏帽子，拿着权杖。伍尔夫将这一切视为孔雀开屏般的行为：男性需要彰显自己的优势。她认为这就是法西斯主义——尽管有些读者觉得她说得稍微夸张了——某种程度上这和让世界陷入战争的男子气概文化是同一种东西。

伍尔夫写道，绶带、金属奖章和毛簇的磨损是"野蛮行为，我们要像嘲笑野蛮人的仪式一样嘲笑它们"。她呼吁妇女不要和男性一样迷恋荣誉。她指出,女性一直很擅长用父权制的怀疑目光审视女性的自我分析。她们应该组成一个"局外人社会",对这些"宣传和认证智力优势的装饰品和标签"不屑一顾。[3]

"智力优势"这一短语正源于这种父权文化。它暗示应该奖励身体机能良好的人,而这是多么荒谬的事情,就像为杰出的肝脏或优秀的脾脏颁发奖牌一样荒唐。伍尔夫仔细审视发给知识精英的闪闪发光的奖牌。她自己当然也是其中的一员,并且打破了这个魔咒。用她的局外人的眼光看,奖励上所依附的象征都像晨雾一样飘散了,知识精英们似乎突然就显得毫无意义,非常可悲。

* * *

自青铜时代以来,人们就开始通过用金子覆盖英雄和统治者身体的方式来向他们致敬。黄金在用作货币之前很久就被用于装饰人体。它深黄色的阳光一样的光芒,从暗沉的土石和铁匠的炉火中被淬炼出来的样子,一定看起来像魔术一样。

1876年8月,考古学家和冒险家海因里希·施利曼(Heinrich Schliemann)出于直觉,在希腊南部迈锡尼古城的城墙附近开始挖掘。他发现了那儿有很深的竖井,底部是古代战士的坟墓。几年前,他在土耳其西北部的希萨里克(Hisarlik)发掘了荷马史诗里的城市特洛伊。受荷马史诗中迈锡尼"盛产黄金"的描述启发,他来到这里继续挖掘。在这些有将近4000年历史的竖井墓穴中,他发现了骷髅和木乃伊，裹尸布是金箔做的，手指上戴着镶着宝石的金戒指，手腕上戴着金手镯。他们的胸膛上挂着金质奖章，上面有花朵、蝴蝶和墨鱼组成的复杂图案。头上戴着金王冠和死亡面具。施利曼认为其中一具尸体是阿伽门农的，就是《伊利亚特》里面黄金加冕的迈锡尼国王。即使英雄已死，古人依旧崇拜和装饰他们。

金牌起源于战争。罗马帝国授予士兵圆扣饰，就是盔甲上佩戴的青铜、银或金质圆片。15世纪初，平民勋章首先由意大利北部的统治者们颁发，样式仿照了带有恺撒头像的硬币，代表了对币上印着的统治者和伟人的崇拜，以复兴古时对于灿烂人类成就的理想追求。法国的路易十四国王颁发了数百枚这样的奖牌，上面的图案是他在战斗中赢得的英勇胜利，作为太阳王闪闪发光，或在天空中指引着战车。

早期，奖牌制作者铸造模具，然后将铁水倒入其中。每个模具仅使用一次，因此奖牌数量很少。然而，随着16世纪50年代压模机的问世，奖章上可以轻松印制各种设计图案，能够制作出更多的奖章。在19世纪，机器切割器进一步提升了工作效率。现在，为英勇的士兵、获胜的运动员和杰出的学者颁发的奖牌更多了——这归功于庆祝成功领域的工业革命。

黄金几乎没有什么用途，制作武器显得太重，制作工具又显得太软。我们之所以喜爱黄金有两个原因。首先，是它的稀有性：有史以来开采出的所有黄金只能装满一个大型的大学演讲厅。其次，是它的耐用性：黄金很柔软，但几乎坚不可摧。金是一种不活泼的元素,与空气接触时不会像银或青铜一样失去光泽。黄金稀有和持久的特性使它成为稀有和持久的象征,即永恒的象征。

在瓦格纳(Wagner)的《指环》中,魔戒是由矮人阿尔贝里希用从莱茵河仙女那里偷来的魔金锻造而成,本身没有什么内在价值。使它如此令人渴望,并能赋予其所有者统治世界的权力的,就是每个人都在为它而战。正如成功在成为成功之前必须由大多数人认可一样,黄金也因为它的珍贵性而变得珍贵。

* * *

当《三个几尼》出版时,许多评论家表达了自己的困惑,虽然他们一直以来都喜欢大惊小怪。弗吉尼亚·伍尔夫已经是一位久负盛名的作家了,但她却依然将自己视为局外人——某种程度上这就是她所谓的"愚昧无知"的一部分。[4] 但这其实一点也不奇怪。在伍尔夫的日记中,**失败**一词像咒语一样反复出现。她一生都认为自己是一个失败的作家和一个失败的女人。她在 1911 年 6 月 8 日给姐姐凡妮莎的信里写道:"我写不下去了,所有的魔鬼都出来了——还是那种黑色毛茸茸的。""我马上 29 岁了还没结婚——是个失败者——也没有孩子——还可能疯了,也不是什么作家。"她结婚后仍然有这些念头:她将自己没有孩子视为又一次失败。

她的书的顺利出版也没起任何帮助作用。写完书后,她通常会失去对这本书的信心,她的崩溃和书的出版一般是一起出现的。

她的第一本日记中,在 1915 年 1 月 27 日提到了她的第一本小说《远航》,"我觉得,每个人都向我保证这本书是他们所读过最精彩的;然后会私下咒骂,因为它确实值得批评"。1940 年 12 月 31 日,写完最后一部小说《幕间》后,她给医生奥克塔维娅·威尔伯福斯(Octavia Wilberforce)写信说,这是"一本还未问世,但据我所知完全没有价值的书"。

但是伍尔夫也知道,如果不冒着失败的风险,她是不可能写出她想写的书的。她在 1922 年圣诞节那天给一个沮丧的年轻作家杰拉尔德·布雷南(Gerald Brenan)写信:"唯有经由失败,才能得到美;要将所有的火石磨碎在一起;要面对必经的屈辱——这很难做到——小心翼翼地追求美,经历看起来若无其事的挣扎,我觉得,最终会得到小雏菊和勿忘我一样令人傻笑的甜蜜。"

伍尔夫的现代主义必然会在一个层面上"失败",因为它冒着让读者产生困惑的风险。它意味着要摆脱读者喜欢的陈词滥调,突破社会习俗的篱墙,探索无法用语言表达的真实所思所感。任何读了伊丽莎白·巴雷特·布朗宁(Elizabeth Barrett Browning)西班牙猎犬的传记(《阿弗小传》),或者讲述主人公变性之后活了三百多年的史诗(《奥兰多》),或者关于伦敦六月一日的破碎记忆拼贴成的小说(《达洛维夫人》)的人,一定会知道她可能失败。

《达洛维夫人》本身就是一本关于失败的书。彼得·沃尔什时年 53 岁,发现生活一片狼藉:从牛津大学退学,曾经对文学的志向已经归于沉寂,被克拉丽莎·达洛维(Clarissa Dalloway)拒绝后在空档期结婚,现在是一个失业的鳏夫,希望能求得一份闲职。莎莉·塞顿青年时代活力四射,是个双性恋,结果现在经历着一段无性婚姻。休·惠特布雷德是初级法院官员,因为穿蕾丝荷叶边的衣服和及膝马裤被朋友嘲笑。克拉丽莎的丈夫理查德是国会议员,曾任高级职位,但现在只是一个政务次官。

但是这些角色因其失败而得到救赎,这使其更加人性化。相比之下,小说中的成功人士都自鸣得意地说,他们永远不会被生活所挫败。霍姆斯博士和威廉·布拉德肖爵士这两位浮夸的医务人员敷衍地对待一个自杀的病人。自命不凡的弥尔顿学者布赖尔利教授不愿在克拉丽莎的聚会上与没有受过古典文学教育的人闲聊。可以想象这些"至高无上的人"的吹牛腔调,这也是伍尔夫非常讨厌在男人那里听到的。

至于克拉丽莎,每个人都将她视为时髦的女主人,"但她藏起了自己的失败"。她知道自己没什么学历,不会写作和弹钢琴,不知道赤道在哪里甚至不知道这个词是什么意思。她只能把一件事做好:将她举办的聚会变成优雅而快乐的事情,短暂地刷一下她和朋友们的存在感。但这值得她在世上所花费的时间吗?她感到"生命在逐渐消逝,她所剩的时间是如何逐年减少"。

在一个简短的片段中,克拉丽莎记起自己还是小女孩的时候,她的母亲和父亲看着她向湖边的鸭子扔面包。然后突然之间,她发现自己已经是成年女性了,在同一个位置,正朝着父母的方向走去,怀里抱着自己的生命,看着它不断长大"直到变成一个完整的生命,然后放在父母的手里,'这就是我用一生做出的东西!

就是这!'她做出了什么东西?到底是什么?"

到底是什么?我们坚持用得到的奖励证明自己:那是我们在这个世界上用智慧和体面的方式度过时间的证明。它们是我们这些失败者忘记在生命的收款台上索要的票据,或者我们索要了却从未收到过它。"这就是我用一生做出的东西!就是这!"但是,即使那些获得了此类认证的人也可能还是会觉得不满意。成功实在是太不可捉摸了,以至于无法通过荣誉把它固定下来——就像我们永远无法将像人生这样奇妙而无法装起来的东西包好放在手里一样。

***

法国哲学家勒内·基拉尔(René Girard)认为,人类是由"模仿的欲望"所驱动的。一旦满足了生物性的需要——食物、水、住所、睡眠——模仿的力量就开始占据上风了。我们不光想要别人想要或已经拥有的东西,而且我们想要这些东西正是因为别人想要或已经拥有它们。通过获得这些东西,我们希望自己也能获得那些令人羡慕的资产——智慧、幸福、冷漠、存在的确定性——我们确信别人拥有而自己没有。模仿欲望增强了人与人之间的联系,但也加剧了竞争,因为我们最终都想要相同的东西。

当我们像这样模仿彼此的欲望时,欲望永远不会消逝。对基拉尔而言,模仿欲望包括三个部分:欲望者、欲望对象(例如金牌)和充当竞争对手的介体。他写道:"欲望对象对介体来说,就像圣迹对圣徒一样。"⁵ "外部"的介体出现在我们试图模仿某个遥远的英雄时,这是无害的。而"内部"的介体更为危险:模仿者和介体彼此了解,他们之间的竞争可能使欲望的对象黯然失色。由于模仿欲望是无意识而非理性的,所以欲望者不会注意到我们和令人垂涎的欲望对象之间的介体。基拉尔称这种盲目为"浪漫的谎言"。我们认为我们想要欲望对象,但实际上我们想要我们所赋予介体的超凡魅力。模仿的欲望要求我们做到不可能的事情:成为别人。

基拉尔用经典文学作品来证明他的理论。他认为,唐吉诃德想当骑士的雄心是因为他需要模仿虚构的骑士英雄,高卢的阿马迪斯。司汤达(Sendhal)的小说《红与黑》(*The Red and the Black*)中于连·索雷尔的爱情和不幸源于他对拿破仑的模仿欲望,他还将拿破仑的回忆录藏在床垫下。包法利夫人不是在崇拜她的恋人,而是崇拜她还是少女时读的浪漫小说中的主人公。在普鲁斯特的《追忆似水年华》中,男人渴望女人的原因,就像斯旺爱奥黛特一样,是"我们必须与所有男人竞争"。⁶

这些角色都知道了我们将明白的事情。当我们达到目标并且竞争对手失败退出时,奖品就失去了吸引力。那块被辛苦寻找的松露,藏在地下,看上去很诱人,但尝起来只有泥土和松露猪的味道。奖品无法使任何人满意,即便是那些获奖者。诗人唐纳德·霍尔(Donald Hall)在白宫领取了贝拉克·奥巴马颁发的国家艺术奖章之后写道:"每个人都知道所有的奖牌都是橡胶的。"⁷被赞美的需求是非理性的,不能用理智去衡量。大脑告诉我们,得奖无法解决任何问题,我们还是要过原来的日子,那些斑点和污点仍在原处。但无论如何,我们的内心还是很渴望它。

彼得·泰尔(Peter Thiel)是基拉尔在斯坦福大学的学生之一,后来成为身价亿万的风险资本家和贝宝(PayPal)的联合创始人。泰尔将基拉尔的著作视为灵感。他说,这教会了他人类社会是如何的像牛群,以及如果企业家选择不追随牛群,他们能够赚到多少钱。这也使他相信了基于模仿欲望的社交网络的市场潜力。他是Facebook的第一大投资者,以50万美元的价格收购了该公司10%的股份,这是有史以来最赚钱的天使投资之一。社交媒体上的病毒式营销由基拉尔理论中的欲望所挑起,一些迷人的陌生人——"**网红**"——扮演着介体的角色。基拉尔被称为"点赞按钮的教父"。

＊＊＊

在社交媒体发展的早期,我们有"朋友",现在我们有"粉丝"。在线上,我们沉迷于庆祝自己的成功并激发追随者的模仿竞争。虚拟世界通过这种方式影响了人们的理智和礼仪。现实世界中没人开口就说"听听别人对我的好评吧!"但是在网上,人们总是一直在分享和赞美,或者称赞自己。"我要超级激动地宣布一件事",人们写道,或者"开心到战栗地宣布一件事"。有些人比较害羞,开头则是"发生了这样一件事"或者"我不要脸地自我宣传一下"。谦虚的自夸已经进化到更原始的形式了,那就是直白的自夸。如今，没有人会假装谦逊地自夸了。我们在线发布的短消息被更准确地称为状态更新。在分享信息的借口下，博主试图提高自己在网络世界中的地位。他们将不完美的生活藏在精心编辑的拼贴画之后。

如果你觉得自己很失败，那阅读社交媒体后累积起来的感受可能使你疲惫不堪。你的 Facebook 时间线上充满了接受表扬、获得证书、自己著作的书评引语和升职的消息。如果有人相信在网上关注他们的、关系生疏的同事和虚拟世界里的陌生人希望阅读自己的成就清单，那么说明他们对人类心理的了解非常有限。

但是那些更新状态的自夸的人与我们并没有太大的不同，而且有一天甚至可能就是我们本人。最重要的是，我们所有人，至少是大多数人，都害怕不被喜爱。对一个人来说，那感觉是毁灭性的。我们一生都在寻找能防止被漠视的咒语，我们内心深处怀着对被忽视的深切恐惧。奖励就在这方面发挥作用了。我们担心，如果没有它们，我们会感到被忽视，感觉无足轻重，被置于神的恩典之外。"但人们害怕所有人都是平等的"，但丁学者和勒内·基拉尔的终身朋友约翰·弗里切罗（John Freccero）说。[8] 我们之所以追求通过荣誉彰显自己的与众不同，是因为我们害怕自己并不比其他人更好。我们的担心是有根据的。最令人难以接受的是我们只是人类，我们的才干或怪癖都没有什么特别的，这应该是——只能是——全部的事实了。

***

错过得奖牌的机会是最糟糕的。排第四名就无法享受得奖的特殊性,甚至还不如排倒数第一那样有别样的吸引力。澳大利亚艺术家特蕾西·莫法特(Tracey Moffatt)在她的系列摄影作品《第四》中,记录了在 2000 年悉尼奥运会上获得第四名的运动员。这个系列本身对莫法特来说就是某种失败。早在三年前,她就收到消息说自己会成为奥运会的官方候选摄影师之一,但奥委会再没有给她打过电话。她最终在电视上观看了比赛。她还要求其他国家的朋友们录制比赛全程并给她寄录像带。她知道摄影机往往将注意力集中在获胜者身上,通过这种方式可以更多地聚焦于失败者。她花了几天的时间观看录像,手指放在暂停按钮上。当她发现位列第四名的运动员时,她就暂停屏幕并拍照。

《第四》包括 26 张这样的照片,这些有颗粒感的图片印在方形的小幅画布上并涂有清漆,因此看上去就像是绘画一样。每幅图像都捕捉到了对手刚刚完成比赛的刻骨铭心的时刻,他们知道自己得了第四名。照片是彩色的,而背景是单一的绿色的,好像是明亮的失败的力场围绕着他们。输了的长跑运动员举起双手遮住脸。精疲力竭的游泳运动员在镜头后藏着,而奖牌得主咧嘴笑着,手指向看台上的朋友。名落孙山的乌克兰运动员跑到成绩屏前,命运此刻被上面的数字密封住了。柔道选手被对手击倒后在垫子上躺平,而对方正为获得铜牌感到高兴。跑步运动员再没有力量与胜利者握手，只能短暂地触摸一下。另一位运动员则被一只手臂拍了拍以示安慰。

由于莫法特没有列出这些第四名的名字，她显然没想要将他们失败的那一刻永恒定格。但是，它们代表了人类对失败的反应的普世性。第四名们表情是空洞的，视线似乎飘得很遥远。莫法特把这样的脸形容为"一张可怕、美丽、知道了结果的面具，上面写着'哦，该死！'"[9]这样的时刻他们来不及掉眼泪，情绪上的痛苦刚刚与身体上的痛苦相会合。肺部缺乏氧气，肌肉中充满乳酸，身体向大脑尖叫："你对我做了什么？我告诉你停下来的时候为什么不停？"当经受痛苦却一无所获的时候，情况就变得更加糟糕。

在竞技运动中，成功与失败之间的差距很小。电子起跑手枪和激光终点线可以将运动员的成绩精确到几百万分之一秒，在最细微的尺度上划出兴高采烈和凄惨悲伤的边界，而不受观察角度的影响。如果获得了第四名，你不会安慰自己已经是极少数能闯入奥运决赛的优秀运动员之一，或者认为成为奥运选手就意味着能够与古希腊的众神为伍。那又怎样呢？你是个第四名。你还是属于没有得奖的那一类，和其他失败的运动员没什么区别。

排了第四之后，会发生什么是非常清楚的。摄像机只是偶然地抓拍到了你，然后就迅速移至获胜者身上，他们现在身披国旗，胜利地跃在空中，主持人举着麦克风追赶他们，从你身边快速经过，好像你不存在一样。当你飞回家乡时，只能待在机舱里，而获胜者则在舷梯上咬着奖牌接受拍照。你的赞助协议悄悄地被取消了,彩票基金立即枯竭。能量饮料广告代言换了别人。巡回励志演说上,只有金牌获得者才能提供面对失败的建议——因为失败必须始终只能是对体育的比喻,即救赎过程中的一部分。至于你,真正的失败领域的权威,已经消失了。

* * *

我对其中一个第四名印象深刻,尽管他没有出现在莫法特的系列照片中。我在星期五晚上(悉尼的周六上午)熬夜观赛,想看英国退伍军人史蒂夫·雷德格雷夫是否能赢得他的第五枚赛艇奥运金牌。关于那场比赛,除了他成功拿到了金牌之外,我什么也不记得了。但是一个小时前的午夜,我观看了一场至今一直困扰着我的比赛。

埃德·库德和格雷格·塞尔是英国双人无舵手单桨赛艇运动员,目标是冲击金牌。他们开局很好,前四分之一赛程领先了两秒多。但是随后,大约到了半程,他们开始乏力了。法国运动员们不可阻挡地超过了他们,他们发现自己只能争夺银牌或者铜牌。

依赖于胆识与经验,赛艇运动员们深知他们要输了。在训练中,他们把划船的技巧练到完美,能熟练地把桨从水中拎出并旋转到适合下一次划行的位置,最大限度减少飞溅,使赛艇在水中滑行时的摩擦最小。但是在比赛中,疲倦和紧张控制了他们,在需要不断优化划船技术的时候,状态持续下滑。赛艇的行进不再连续流畅,而是变得断断续续的,船慢了下来。

在电视上观看真是令人痛苦，因为每桨向前划的同时，船头都要向后摆动一下。从不同的机位上看，库德和塞尔似乎稍微落后或稍微领先一点。直到最后一桨之前，他们都排在第二位，然后美国队和澳大利亚队都以微弱的优势超过了他们。

三队获得奖牌的运动员划到岸上，热切地与他们的支持者们会合。库德和塞尔孤零零地漂浮在湖中央。塞尔将头埋在手上哭泣，然后向后躺，枕在库德的怀抱中。他们环顾四周，感到困惑——好像在等待有人告诉他们这完全是个误会，他们最后其实赢了。但是几分钟后，塞尔坐了起来，碰了一下库德的腿，他们划过湖面，就像桨是铅制的一样。

在随后的电视采访中，他们努力解释发生了什么。他们一开始划得太快了吗？他们不这样认为，他们最后还是在拼命地划着。他们没有遮掩或吹嘘。他们只是没有赢。他们想要的原本是金牌，现在却对根本没有获得任何奖牌感到不安。两个人中看起来比较镇定的库德崩溃地哭了起来。他说："训练了三年后，我简直不敢相信我们一无所获。"痛苦不堪地停顿了一下之后，这位慌张的被采访者说了一些类似于这就是奥运会决赛之类的话。看着这种没有被得体的举止所掩盖的赤裸裸的伤痛，感觉就像是闯入了他们的悲伤一样。

库德和塞尔肯定不仅仅是因为终点线的刺痛而伤心，还因为在泰晤士河上度过的所有冰冷黑暗的早晨，以及划船机上所有寂寞的下午。每天举着桨柄或配重棒六个小时——留下了驼背、胃溃疡、韧带撕裂、手起水泡之类的后遗症，腿上全是座椅调节轨割出的伤痕。奥林匹克赛艇运动员,为了追求水上的六分钟的荣誉,而伤害了自己的身体。竞技运动大多是无聊而又痛苦的,需要一直默默忍受着,才有可能在数年后得到一场胜利,或者干脆永远不会胜利。只有在运动中,这种偏执才被认为是值得称赞的,而不是疯狂的。

自从观看了这场午夜的悉尼奥运会比赛以来,我一直留意失败者们。头上蒙着毛巾的网球运动员,刚在赛点上犯了最后一个错误,毛茸茸的球冲到了网中。板球运动员的直击球又侧击到了第一外场员身上,得了零分,摇着头回到运动员席上。足球运动员垂头丧气,或将头埋在草皮中,而对手则在他们旁边跳着胜利之舞,雀跃着相互击掌。流血的橄榄球运动员双手叉腰站立,头低垂着,眼睛湿润,强忍着不哭泣。与胜利相比,失败总是让人感到更加发人深省,也更加无情。

我已经忘记了——直到刚刚查了一下才想起来——四年之后,库德在雅典奥运会上获得了金牌。我也忘记了塞尔在上届奥运会上已经得过金牌,然后下一届又得了一枚铜牌。我只记得那天他们得了第四名,以及脸上的表情,很久以后,我读到了品达(Pindar)[1]一首颂诗中对被击败的古希腊奥林匹克运动员的描述,这使我想起了他们。"当他们回到母亲身边时,也没有甜蜜的笑声给他们带来欢乐,"诗里写道,"但是,他们畏缩在后巷,躲

---

[1] 古希腊抒情诗人,有"抒情诗人之魁"之称,是希腊作家中第一位有史可查的人物。当时,希腊盛行体育竞技,竞技活动又和敬神的节日结合在一起,品达在诗中歌颂奥林匹克运动会及其他泛希腊运动会上的竞技胜利者和他们的城邦。

避敌人，于是被失败刺穿了。"

＊＊＊

在临近她生命终点的一个仲秋早晨，弗吉尼亚·伍尔夫在苏克塞斯罗德梅的乡间度假胜地僧侣之屋[1]的书房里读书。透过窗户，她可以看到生命的律动：农夫在附近的田野上耕作，秃鼻乌鸦从树上飞出来。然后，她眼角看见了一只飞蛾在一方窗格玻璃上震动翅膀。伍尔夫一直以来对鳞翅目昆虫非常着迷。小时候，她和兄弟姐妹会用陷阱诱捕它们。

但是她还有事要做，于是继续读着书。然后，她再次抬起头时，注意到飞蛾的动作变得僵硬了。又试着飞了几次之后，后仰着倒在窗台上，小小的腿徒劳地蹬着。伍尔夫伸出铅笔试图扶正它，然后看到飞蛾快死了，便放下了铅笔。飞蛾持续的努力并不能收到任何效果，不像苏格兰洞穴中的蜘蛛，经历了多次失败后终于成功纺出了蛛网，激励了罗伯特·布鲁斯（Robert Bruce）奋起反抗英国人。伍尔夫的蛾子只是在一个秋天的早晨死去了，悄无声息。飞蛾的寿命是很短暂的。

然而，就在咽下最后一口气之前，飞蛾非常用力地挣扎了最后一下，试图摆正姿势。伍尔夫写道："在没有人在乎或关注的时候，一只微不足道的小飞蛾付出这样巨大的努力，与如此强大的

---

[1] 僧侣之屋位于布莱顿东北部的安静乡村，是一栋建于17世纪的农舍。20世纪初期，伍尔夫和她的丈夫曾在这里生活多年。

力量相抗衡，就是为了捍卫没人重视和珍惜的东西，这奇怪得令人感动。"

似乎没人能确定伍尔夫是何时看到这垂死的飞蛾，甚至也没人能说出她是何时写的《飞蛾的死亡》，这篇文章非常热切地记载了飞蛾生命里的最后几个小时，在她去世一年后的1942年在她的文集中被发现，并于当年被出版。最有可能的是，飞蛾在1940年9月，伍尔夫一家住在僧侣之屋的时候，咽了气。她在《三个几尼》中所惧怕的战争已经到来，离她的位置近得令人害怕。自7月中旬以来，不列颠之战一直在罗德梅尔上空进行着。9月11日，就在下午茶之前，她和丈夫伦纳德看到一架德国飞机在刘易斯赛马场上空被击落，随后冒出了浓浓的黑烟。那时闪电战也开始了，他们夜间也能听到德国轰炸机飞往伦敦的声音。9月中旬，他们在布鲁姆斯伯里[1]梅克伦堡广场的房屋遭受重创。那个秋天的早晨，伍尔夫能注意到一只垂死的飞蛾，这是很奇怪的事情。

但是伍尔夫不仅在写那只飞蛾。她一定知道，古希腊语中指代人类灵魂和飞蛾灵魂的是同一个词语：psyche。从字面上看，这个词的意思是"**呼吸**"。伍尔夫文章中的飞蛾代表着生命的呼吸，不依赖于人力和物力，不需要嘉奖或被羞辱，无关胜利或失败——生命只是一点点意识和食欲。

她写道："当看到生活的烦闷、身不由己、浮夸和忙乱以至于

---

[1] 布鲁姆斯伯里坐落于伦敦黄金地段，坐拥大英博物馆、大英图书馆及参议院图书馆（Senate House Library），是布鲁姆斯伯里出版社的所在地，同时也是著名的大学区，布鲁姆斯伯里还是多位文人墨客的居住地。

任何行动都必须保持最大的谨慎和尊严，人们总会想要忘记生活的一切。"如果《三个几尼》的照片画着的那些人代表浮夸和忙乱的生活，那这些飞蛾就代表着最本真的生命。伍尔夫描述她的飞蛾看起来多么普通的时候用词很小心，说它既不像蝴蝶一样"艳丽"，也不像夜蛾一样"暗淡"，身上其唯一的装饰是干草色翅膀边缘上的流苏。她继续写道："仿佛有人夺走了一小颗纯净的生命之珠，然后用羽绒和羽毛尽可能轻地装饰它，让它跳舞和旋转，向我们展示生命的本质。"

《飞蛾之死》像一首赞美纯粹的歌，赞美生命本身而无关任何其他事情。至于那些失败的奥林匹克赛艇运动员，他们用那几年的时光希望取得的全部成就——领奖台、奖牌和花束，伴着国歌升起的国旗——是微不足道的人工建构。这只会使他们的失败更为无可救药。他们无法得到安慰，因为他们进行着自己的战斗——在站不住脚的意义和意象中倾注了心血。对月桂叶冠的追求总是孤独的。伍尔夫提醒我们，生命的本质纯粹得毫无杂质——就像有生命力的呼吸和动物的直觉一样——已经如此珍贵，是无价之宝。终究没有其他东西是重要的。

***

荷兰历史学家约翰·赫伊津哈（Johan Huizinga）认为，人类的基本特质是喜欢游戏。赫伊津哈在其 1938 年的著作《游戏的人》（*Homo Ludens*）中写道，游戏的精神是平等主义的。比赛必须是自愿的，每个人所遵守的规则都是相同的，并且不能从中获得任何物质收益。它从不涉及为重要的事物竞争，例如金钱、土地或权力。玩游戏的时候人们是绝对认真的，但是同时也清楚最终的结果是不会带来什么收获的。它是生活里毫无用处的美丽装饰，是对人类活力、雅致和优美的颂扬而已。

游戏是有限的，它的限制是固定的。它在事先规定好的场地内进行，周围圈着实际的或者脑海中描绘的白线，每个人都同意遵循相同的规则。这些规则允许游戏像咒语一样短暂地支配我们一会儿，使我们认为场地上发生的事情确实很重要。然后裁判的哨声打破了咒语，现实生活又回来了。

我曾经感到困惑，为什么足球运动员庆祝进球时比终场哨响时更加激动，进球只是取得一小步胜利而已，哨响时才算锁定了胜利。现在，我明白了为什么：进球不仅仅对得分有数量上的影响。在比赛规则里，进球的方式无关紧要，只要整个球都越过球门线即可。但是，当球沿着优美的抛物线，穿过防守线，在球网的顶角激起美丽的涟漪，而不是从后卫的屁股上扫过后越过球线时，我们会感觉更加如痴如醉。体育运动的最佳时刻不仅仅与获胜有关。运动也是一场游戏，人在经过训练的集体运动中可以展现令人炫目的技巧。终场的口哨声，无论它锁定了多么令人激动的胜利结果，它还是宣布了游戏的结束。此后，哪怕是举起奖杯，也无法与游戏本身带来的活力与快乐相比。

游戏告诉我们，可以非常深切地关心某件事，无用的过度投资最后可以带来健康和营养。在游戏中，没有人会死，胜利不是事情的全部，失败也不是耻辱。赢家和输家在比赛结束时握手的习惯是为了致敬易逝的时间——致敬无论是欢欣还是失望，没有任何感觉可以永存的现实。

　　游戏中的基本规则就是它会结束。如果咒语无法被打破，我们永远无法回归现实，那它就不能被称为游戏。从长远来看，我们从游戏中能够赢得的任何奖励都是毫无价值的。游戏中的货币无法转换成外面现实世界中的金钱，《大富翁》里的货币不可以用来支付餐厅账单。我们应该只在比赛结束，或刚刚结束不久的时候在意是否取胜，然后继续生活里面其他的部分。如果得奖是唯一重要的，那么体育就变成了一项索然无味的任务，要去战胜毫不必要的屈辱——成为追求奖牌的受虐狂。

＊＊＊

　　受虐狂运动员们只想赢。动力、积极和神游"进入状态"，他们将这一整套精神系统全盘接受。必须彻底摒弃任何有关失败的念头。对于受虐狂运动员而言，最令人羞愧的，不是作弊，而是被控制：因为被消极的念头笼罩而失败。

　　受虐狂运动员们也将全部信心寄托于技术。现在，很多进球的庆祝都会被中途打断，裁判慢跑到球场旁通过 VAR（视频助理裁判）进行确认，结果发现进球手的膝盖越位了。在顶级俱乐部的要求下，VAR 进入了比赛。他们需要看到自己投资于球队的财富获得商业回报，当裁判因为（用肉眼观察）不够准确而产生误判时，他们自然会感到愤怒。因此，限制前锋得分的规则现在变成对身体突出部位的精确测量。

受虐狂运动员们正在不完美的世界中寻求技术上的完美。他们希望将仅是代码和惯例组成的游戏规则转变为法律和科学法则。VAR厌恶模糊性，尽管它破坏模糊性的同时也破坏了比赛的情感宣泄。现在，体育场内的球迷庆祝进球时更加安静了，以防庆祝为时过早。当比赛暂停，每个人都在等待VAR做出判决时，他们高喊抗议道："这不再是足球了。"

可以预见的是，VAR并没有消除争论，也没有阻止受虐狂们想出输掉比赛的借口——例如，球太有弹性、太轻，泛光灯太亮，球场太干了，裁判持续的吹哨打断了比赛节奏，球童没有足够快地送回足球，或者球员换上了新队服后没有认出彼此，这是这些年来我从足球俱乐部经理那里听到的解释理由中的其中几条。VAR也并没有消除那不朽的赛后传统，即输掉比赛一方的经理对裁判的大声咆哮。

因为在运动中，就像在生活中一样，我们全都受突发事件的影响。胜利者需要运气——尤其是在流畅不间断又充满错误的足球运动中，进球数一般都很少，而难以对付的突然转向或守门员的失误就可以决定比赛的输赢。训练的难度，口号的积极程度，技术的精准程度都无关紧要。有时——在大多数情况下——你会失败。世界杯决赛阶段的32支足球队中有31支会失败。温布尔登网球公开赛的128名男女运动员中有126名会失败。在英国公开锦标赛的156名高尔夫球手中，有155名会失败——这还没算上所有的资格赛，不然还有我们没看见的更多的失败。

横向思维的冠军爱德华·德·波诺（Edward de Bono）设计出一种方法，可以快速计算出如果要举办 111 名运动员参加的网球淘汰赛，需要组织多少场比赛。面对这样的任务，大多数人会画出每场比赛的配对表，或者从决赛到半决赛的图等等。但是，其实你只需要将注意力从每场比赛的获胜者转移到失败者上，而通常没有人对他们感兴趣。每场比赛都有一个输家，每个输家只能输一次——因此必须有 110 个输家，因此有 110 场比赛。[10] 在运动比赛中，几乎每个人都会输。如果没有被击败的可能性和获得胜利的不确定性，体育就会失去观赏性。

赢得胜利对于体育来说已经变得如此重要，以至于我们忘记了它的真正意义：游戏。当我们看到孩子们沉浸在游戏中时，我们本能地知道，他们找到了我们已经失去的生命的秘密。自由主义神学家多萝西·索勒（Dorothee Sölle）曾被问到该如何向孩子解释幸福。"我不会解释，"她回答说，"我会扔给他一个球，然后让他玩。"[11] 同样的冲动也存在于其他动物中，只是为了好玩：鹤像芭蕾舞演员一样击足跳，飞行中的小乌鸦将一根棍子丢了下去，俯冲然后再次抓住它。真正的幸福永远不会来自追求荣誉——因为任何可能赢得的奖赏都会很快地撤退到我们无法回到的过去中。生命来自这样的时刻，我们全神贯注于在这颗地球上活着的感觉，这种时刻是无法复原的，生活中的无价之宝无法被抓住，你只能去体验它。

***

1974年6月19日，在多特蒙德的威斯特法伦体育场举办的世界杯决赛阶段的比赛中，荷兰队对阵瑞典队。比赛开始23分钟后，一个空中球传到了荷兰队的约翰·克鲁伊夫的脚下。克鲁伊夫在瑞典队禁区的左边，背对球门线，健壮的瑞典右后卫扬·奥尔松贴身防守。克鲁伊夫沉下左肩，假装要用右脚传中骗过奥尔松。当奥尔森想要防住传中时，克鲁伊夫右脚腕一摆，将球从自己的左脚脚后跟扣到了身体左侧，同时将身体旋转180度。半秒内他大脚解围，然后将球传向了球门。奥尔松和其他人一样，对刚刚发生的事情还没反应过来，几乎被晃倒在地。

如今，足球比赛可以被分割成视频剪辑的动图表情包并可以在线共享，这些动图包括弹跳式扑救，杂技式凌空抽射，使紧随的后卫们喘不上气的五十码奔跑等。但是那时只有慢动作重播可以看。评论员看了好几次才弄清楚克鲁伊夫是如何完成这个动作的。这个动作一经问世，就显得将形式和功能结合得如此完美，以至于以前没有人尝试过这个动作显得如此奇怪。之后在瑞典队的更衣室里，奥尔松和他的队友只能嘲笑它有多么无所顾忌。与此同时，世界各地成千上万的男孩已经开始在街头和后花园里，开始练习"克鲁伊夫转身"。

鲁道夫·努里耶夫（Rudolf Nureyev）[1]表示，克鲁伊夫的扭胯换腿和脚尖滑步，可以媲美芭蕾舞演员。克鲁伊夫知道，出色的足球运动员和出色的舞蹈演员的秘诀一样，都要掌握平衡。他小时候在阿姆斯特丹街头踢球时鞋上没有鞋钉，因此他自己花了很多时间完善动作，试图不要摔在混凝土石板路上。努里耶夫和克鲁伊夫看上去有些相似，颧骨让他们沉默的脸看上去有些盛气凌人。克鲁伊夫曾经说过，最好的足球运动员会以自己的打法展现性格。"克鲁伊夫转身"显露了他的性格。他并没有为了让观众喝彩或战胜对手而在训练中完善这个动作。他只是通过临场反应的反直觉，找到了击败对手最简单的方法。

即使这样，也无法避免："克鲁伊夫转身"失败了。在他猛击瑞典后卫之后，克鲁伊夫右脚外侧向荷兰前锋约翰尼·雷普传中，他和所有人一样惊讶，没有接到球。球到了另一位荷兰球员维姆·范哈内亨的脚下，而他直接撞上了一名后卫并摔倒了。然后球就被大脚解围了。

"克鲁伊夫转身"只是足球比赛中成百上千没有成功进球的瞬间之一。前锋将球平稳地踢向守门员，或将其高高地射过球门横梁，或在身体对抗中丢球，后卫将球叉出边线。所有球员都在球场上向后退，以重新开始比赛。运动就像生活一样，多半是在浪费呼吸。瑞典对荷兰的比赛以0∶0结束，这是荷兰唯一未能得分的比赛。无论如何，两支球队最终都从小组中晋级了，因此这

---

[1] 苏联芭蕾舞演员。

场比赛甚至都完全不重要。荷兰闯入了决赛,然后被西德击败。"克鲁伊夫转身"是一次美丽的失败,就像荷兰队本身一样——也许是没有赢得世界杯的队伍里表现最佳的,但可以确定的是它比很多赢了世界杯的球队表现都好。

* * *

即使在赫伊津哈时代,体育运动的严格管理也破坏了比赛的自发性。爱德华多·加莱亚诺(Eduardo Galeano)在他的《太阳与阴影中的足球》一书中写道:"足球的历史是从美到职业的悲伤旅程。"[12] 对于加莱亚诺来说,职业比赛已将胜利变成了没有乐趣的义务。到20世纪70年代初,当荷兰标志性的全攻全守足球如微风拂面而来时,比赛已经被不惜一切代价取胜的需求扼杀了。英式足球已经完善了职业犯规的艺术,即用黄牌阻止进球的自私交易。意大利足球开辟了安全比赛模式的先河,自由中卫进行人对人防守和大量边路传球,试图每场比赛都以1比0取胜。这些创新被广泛复制,使比赛乐趣全无。

利物浦足球俱乐部的主帅比尔·香克利的名言概括了获胜者的精神:"第一就是第一,第二一无是处。"在香克利挂帅的队伍中,凯文·基根[1] 后来写道,当他们把奖杯带回这座城市,坐着敞篷巴士游行时,他感到自己仿佛置身于古罗马,"就像战士从流

---

[1] 英国足球运动员、教练。

血的战场中回来，炫耀掠夺的全部黄金和战利品"。[13]"奖杯"这个词（来自希腊语词根 trope，意思是溃败）源自一种古老的做法，即在公共场所展示被击败的敌人的武器，有时甚至是他们的身体部位。对胜利者而言，这是战利品；对失败者而言，这是耻辱。

对于克鲁伊夫的荷兰队来说，获得奖杯似乎只是次要的。在1974年的决赛中，约翰尼·雷普说："我们有点忘记了我们必须赢，真是可惜。"这不是说他们不想赢。决赛之后，荷兰队的更衣室里也有泪水，就像之前和之后的每一个输掉决赛的队伍的更衣室一样。但是克鲁伊夫和他的队友们相信，如果胜利就是一切，那它就不再值得拥有。如果他们不能漂亮地赢得胜利，他们宁愿漂亮地失败。

后来，作为阿贾克斯和巴塞罗那俱乐部的教练，克鲁伊夫向当时的规避风险和害怕失败的职业足球战术发起了挑战。他让门将从禁区出来，像一名额外的外场球员一样，扮演第十一人，扫荡没有球员控制的球，将球传出并发起进攻。守门无依无靠，又吃力不讨好：每一个失误都有被进球惩罚的风险。克鲁伊夫注意到，守门员很害怕离开球门太远，因为担心防不住飞过头顶的远距离吊高球，这会使他们看上去很愚蠢。但是，这种情况很少发生，并且赌一把是值得的，因为这种冒险可以将进攻扼杀在萌芽中，并开始新的进攻。为了那些不太可见的收获，守门员和整个球队不得不冒着遭受重大失败的风险。

当克鲁伊夫作为教练在场边观看时，经常会忘记得分。重要的是，无论输赢，他的球队都是在踢足球。那时候他知道，尽管1974年他的那支荷兰队输了，但他们赢得了更大的胜利，这个世界仍然在谈论他们踢的足球。他说："没有什么奖杯能比得上球风受到赞誉。""克鲁伊夫转身"在所有方面都是一个失败，除了：每个足球迷都记得，曾经看过或听说过它。想象一下如果体育失去了这样的时刻，那么比赛就只是光秃秃的统计数据，是赢了和输了的二进制记录，它的浪漫无法超出电子表格的范围。

* * *

罗杰·卡恩（Roger Kahn）在关于20世纪50年代初期布鲁克林道奇棒球队的经典著作《夏天的男孩》中，回忆了体育比赛中的失败所取得的意外的辉煌。卡恩回忆起当自己开始为《纽约先驱报》报道他们的比赛时，球队是如何"震惊和痛苦地抽搐"的。没有哪个大联盟的棒球队能发挥得如此失败。他们在赛季决赛的最后一局中两次输掉了联盟锦旗。在卡恩报道的两个赛季中，他们保持了在最后一击失败的才能。在这两个赛季的世界棒球锦标赛中，他们都输给了纽约洋基队。他认为，道奇队的失败并不是因为缺乏勇气或决心。他们只是倒霉，"失败者和英雄是同一张脸上的两个面具"。

道奇队确实在1955年赢得了一次世界锦标赛冠军。但是，这个伟大的球队很快就因为竞技状态不好、伤病、年龄变大和退役等常见的运动损耗而解散了。1957年，道奇队的老板将俱乐部搬到了洛杉矶。卡恩的书名叫《夏天的男孩》，来自迪伦·托马斯（Dylan Thomas）的一首诗，讲述的是青春的光辉有多么短暂。卡恩写道，一个球员"必须面对两次死亡"。第一次是在30多岁的时候，大联盟生涯结束了，作为运动员的他去世了。在他们的巅峰生涯的20年后，卡恩访谈了一些球员，其中包括伟大的杰基·罗宾逊，他是大联盟中的第一位黑人球员。他看到自己的棒球之神变成了凡人，但却充满勇气和尊严地对待这种落差。他认为，这使他们更加值得尊敬。

只有没有想象力的人才认为胜利是体育运动的全部。他们的潜台词总是一些更深刻和宏大的话。"队伍的胜利可能会给你带来荣耀，但你会爱上了一支战败的球队"，卡恩写道。"艰难地奋斗之后失败，这是属于勇士的故事，他生来就是悲情的，用最甜美的歌声讲述最悲伤的想法，如果他是英雄，他的一生中最得体的事情就是体面地离开。"[14]

***

那些对弗吉尼亚·伍尔夫不太了解的人对她有两点评价。首先是她是个势利眼——从狭义上说，她是一个中产阶级上层的英国女性，有时带着来自阶层和时代的丑陋偏见。但是，与大多数势利眼不同，她是自我批判的。她在1936年发表的文章《我是一个势利眼吗？》中承认，如果她收到一封盖着皇冠的信件，即使她知道朋友们都不会关心留意，它也会神奇地漂浮到一堆信件的顶部。她写道,这证明了"像是皮疹或斑点……我患有这种疾病"。[15]

但是,伍尔夫肯定也有一些安全保险装置来对抗势利眼和好奇心。当我们好奇成为另一个人,或者甚至是一只飞蛾是什么感觉时,我们的心态就会变得非常宽容和礼貌。我们并不想把它和我们的生活进行比较,也不想判断它是成功还是失败。我们注意到它,是因为它是不可分割,不可估量的。

伍尔夫忠实于自己在《三个几尼》中的追求,没有屈服于奖品的诱惑,也没有选择以此来证明生命的价值。她拒绝了"名誉勋爵"的封号,国际作家协会的主席职位,以及利物浦大学和曼彻斯特大学的荣誉学位。她还拒绝了在剑桥圣三一学院举行克拉克讲座[1]的邀请——就像她的父亲在1888年第一次举办克拉克讲座那样,这确实很困难。

伍尔夫在1933年3月25日的日记中引用她书中角色埃尔维拉·帕吉特的话说:"这是一个完全腐化的社会……我不会拿任何它能给我的东西。"她承认写信给曼彻斯特大学的副校长拒绝文学博士的头衔是一件很尴尬的事。但是她却必须这样做:"什么都不能诱惑我和这些骗子同流合污。"不是虚假的谦虚让她拒绝了这些荣誉。她知道自己工作的价值。但是她拒绝被荣誉所定义,它们的存在是为了让人生更光彩夺目,但结果却只能摧毁人生。

关于伍尔夫广为人知的第二件事是,在与抑郁症的长期斗争之后,她自杀了。但是片面地来说,关于自杀的悲剧之一,是人

---

[1] 威廉·乔治·克拉克,剑桥大学圣三一学院教授,根据他的遗嘱,剑桥大学每年以他的名义举办一个讲座,讨论"乔叟以来某一时期或数时期的英国文学"。

生被这样一个瞬间定义了——在1941年早春的那个清晨，伍尔夫在口袋里装了一块大石头，溺死在僧侣之屋附近的乌兹河中，在此之前的整个人生都毋庸置疑地被视为失败。若非如此，为什么生命的所有者会放弃它呢？更难办的是，在伍尔夫的时代，这被视为社会禁忌和耻辱。自杀是一种犯罪行为。

然而，按照生命结束的方式来定义伍尔夫的人生，是一种愚蠢的行为。因为这样就忽略了很多事实：她有很多富足又无忧无虑的日子；她与朋友和家人的关系非常亲密；她的生活多么快乐，她机智幽默、擅长讲故事，也喜欢听别人讲笑话，尽管从照片上你永远看不出来这些；她的写作风格有多么滑稽，嘲笑挖苦现今那种自以为是、好为人师的男人（mansplainers）——她终其一生都在饱受其苦，尽管她在任何房间中都是最聪明的一个。

最重要的是，这忽视了伍尔夫的作品里的一个核心真理：她对生活的真相一如既往地感到本能的惊讶。对于伍尔夫来说，每一个生命——即使是那只即将灭亡的小飞蛾的生命——都是任何其他东西所无法比拟的。她肯定会赞同赫伊津哈的观点，认为最明白、最可爱的生活方式就是娱乐——在这方面我们无法失败也无法成功，只能在生命流逝时去捕捉它，然后放手任它离开。如果生命悲惨地结束，那也不是"失败"。如果你的人生像伍尔夫那样——艰难痛苦但充满意义，无与伦比——那你就不是失败者。

＊＊＊

那么，请饶了我吧，对**追求成功**的错误认知。我们最需要的不是奖励，而是一种一直被关注、聆听和牵挂的感觉。我们希望我们的存在得到承认和重视。在我的生活中，我感到最幸福的时候，不是被奉承，而是被完完全全地挂念，即使只是片刻。最好的赞美不是像撒胡椒粉一样发表示赞美的 emoji 表情，而是对他们的言语和行为感兴趣。我们只需要被关注——或者被爱，这两个是同一回事。

当我们感到被完完全全地关注着，我们也开始全身心地关注其他人。然后，我们注意到了一些其他事情：生活本身就是一场庆祝活动，每个人都获得了邀请，我们要做的就是出席。我们失败与否并不重要，因为每个人总是有足够长的生命。生命不是需要抢在别人之前得到的奖励。它是世界赠予我们所有人的礼物，是大自然的恩赐，是免费的意外之财——只要我们准备好接受它。

因此，让我们加入伍尔夫劝说我们加入的局外人社会吧。当然，这比《三个几尼》里穿金戴银、披着白鼬皮大衣的花哨男人们更有吸引力。在这些盛况和场合之外，我们可以真正地过着自己的生活，不用在意任何轻视它的想法。生活（有时）可能是地狱，但是除了荣誉之外，还有很多其他美好的事情。

5. 我们都不是普鲁斯特
失败就像生活一样多彩

"你撒下了种子，它们可能会被老鼠吃掉，也可能会腐烂。加利福尼亚州的一些种子休眠了几十年，因为它们只有在火灾后才会发芽，有时候被烧毁的景观会绽放得最灿烂。"

在2011年,艺术家科里·阿肯吉尔(Cory Arcangel)发明了一个机器人,可以搜索并转发所有包含"正在创作小说"词语的推特。

很多推特的口气听起来对自己很满足。有些人乐于接受多线程任务——写小说的同时听佛利伍麦克乐队的歌[1],在游泳池边喝含羞草鸡尾酒或等待头发定型。有些人向读者保证,一旦他们关掉滨趣[2]或看完《神秘博士》[3],他们就会开始创作小说。其他人则勇敢地承认,已经有一段时间没写小说了。但是所有人都坚称他们正在,或即将开始创作小说。

阿肯吉尔后来将这些推文出版成书,有趣但有点令人恶心。但这些有抱负的作家,沉默而无名的弥尔顿[4]们似乎都是网络嘲笑行径的受害者。所有人都同意出现在这本书中,但是这意味着他们没有理解这个笑话,这让侮辱加倍了——比阿肯吉尔以前的"对不起,我还没有发推文"的主题更令人反感。这个主题下的内容是一些博主对没有更新博客表示歉意,但却根本没人来读他们的博客。

我怀疑这些作家中没有多少人(或许没有人)完成了小说,更不用说出版了。但是那又怎样呢?写作进度通常要么很慢,要

---

[1] 著名摇滚乐队,成立于20世纪60年代末,对流行乐坛具有十分广泛的影响。
[2] Pinterest,著名图片分享类社交网站。
[3] BBC出品的科幻电视剧。被吉尼斯世界纪录大全列为"世界上最长的科幻电视系列剧"。
[4] 来自英国18世纪著名诗人托马斯·格雷《墓园挽歌》,表达对默默无闻没有机会施展天赋和才华的下层人民的惋惜。

么没写,或者读者们看不到,而这些不同的状态看起来可能令人困惑地相似。他们无论如何努力地发挥想象力,文字上的收获仍然是不固定的。一天的劳动可能会产生一些勉强可读的句子,或者就什么也没有。有时,写作感觉不像是真实的工作,而像不能摆脱的自私又神经质的抽搐——只是徒劳地打字,读者不是任何特定的人,就像在街上自言自语,路过的人会移开视线并加快步伐。

写作是一场漫长的游戏,跃入黑暗之中,不确定会有什么样的结果。它的重要辅助功能是做白日梦。我发现即使写几句话也很费力,只有想象着读者们欣喜若狂地读着这些句子,才能下决心写下去。我无法因为我失败的同行们向世界大声宣布正在创作小说而嘲笑他们。

* * *

写作本身也产生了大量有关失败和救赎的神话,失败的作者写出的大获成功的书,要么是从一堆废弃的草稿中找出来的,要么被除了最后一家以外的所有出版商拒绝,要么是从烂泥堆中被抢救出来,要么是出版时没人阅读、现在已经成了经典。仅仅因为这些事情有时在现实生活中发生,并不能改变它们都是同一个童话的不同版本的事实。从经济的角度讲,写作是一个熊市,卖方总是比买方多。

我知道,作家向你诉说他的工作有多么辛苦是最令人乏味的事情。与其他类型的失败相比，文学上的失败显得不那么糟，而且往往令人轻松多了。但是，它通常更能够被量化。许多失败是无法轻易衡量的，但是文学上的失败程度则能够通过一个简单的公式计算出来，即没能产出可供出版的文字的小时数。它精练而标准，可以用来表达这种普适性的感觉：失败。

即使是成功的作者也大多会分娩出文字的死胎。文学史忽略了未出版和难以卒读的文字的影子世界，写到一半的回忆录、废弃的小说和流产的诗歌，它们组成的垃圾填埋场每年都越来越大，尽管这个年代它们以虚拟形式而非纸质形式出现。它们留在旧的内存卡里，扔在垃圾堆上的硬盘驱动器中，或埋在抽屉后部已经无法读取的软盘中。

在任何创造过程中，失败都比成功更重要。废稿永远比获得出版的书籍更多，滞销书比畅销书更多，半成品比已完成的画稿更多，不了了之的待制影像比电影更多，写了一半的歌曲比最终被演唱的更多。世界上大多数杰作只发生在少数人的脑海中。创造的历史是错付努力的漫长传奇。

但是，你不会从现代资本主义的语言中了解到这一点。"**创造力**"和"**创新**""**同理心**"都是其中的典型词汇，总是跳动着积极的脉搏。创造力是任何赚钱的企业都必须撒上的神奇调料，让人感觉新鲜、可口和人性化。问题在于，资本主义成功的真正衡量标准是生产力：单位产出除以单位投入。但创造力却不能以这样的方式被测量，甚至很难确定其中的投入和产出是什么。创造性的生活就是小小的胜利，它打断了挥之不去的挫败感和破灭感的魔咒。因此，创作者的生活与任何其他人的生活都没有太大不同。

*　*　*

1960年5月的一个清晨，一个身材高大、步履蹒跚的驼背男子慢步走在伦敦的查令十字街上。他的名字叫保罗·波茨（Paul Potts），他此刻非常高兴。那段时间，查令十字路上到处都是书店。经过二十五年的努力，波茨刚刚出版了他的第一本散文集。后来，他在英国广播公司家庭服务频道的广播文章中写道："当我路过时，那本书在书店的橱窗里对我微笑。"在曼内特街的拐角处，他在这条路上最大的福依尔书店（据称是当时世界上最大的书店）停了下来。在店里显眼的位置展示着他的书，猩红色和深褐色的封面非常醒目。他口袋里放着这本书的简缩版，带着"最后的桂冠诗人"和"不仅是一个传奇"之类的大字标题，指的都是一个被翘首以盼了很多年的男人，但他此刻在这条街上，是"一个不中用的人，流浪汉，懒汉和无赖"。

波茨的口袋里还放着一封他在战争期间的指挥官写给他的信。没人认为他是当军人的料，他加入了突击队的事让认识他的人感到非常震惊。事实证明，他像他们所担心的那样毫无用处，最终成为军官的勤务兵，然后被送回伦敦照顾营队的宠物犬。"我刚刚读了你的书，"指挥官的信里说，"希望我们仍然同在部队里，这样我就有机会向你致敬了。"

波茨仍然看上去并生活得像失败者一样。那天晚上，他住在国王十字的罗顿屋[1]里，这是一家带有红砖墙面的连锁旅馆，有着数百个小隔间，每个小隔间都装有一张单人床。在这里，花五先令你可以得到一张干净的床单和一次热水澡，但也就没有其他的了。几年后出版的《走遍伦敦》将罗顿屋描述为"肮脏的地方，回荡着失败者的哭泣和咳嗽声"。[1]

从战前以来，波茨就一直在伦敦苏活区附近游荡。他晚上睡在出租屋和夜间庇护所里，白天在旧康普顿街的酒吧、咖啡馆里打发时间，或者坐在长椅上读报纸。苏活区在沙夫茨伯里大道以北、牛津街以南，街边有着低矮而又紧密的栅栏和后巷，对于失败者来说这里有着欢乐的氛围。苏活区俨然已是一所免费的大学，这里没有阶级、年龄和种族的障碍。著名作家、诗人和画家，与没落贵族、打零工的记者、穷困潦倒的诗人、伦敦西区剧院的舞美和服装师、脱衣舞娘、妓女和还没完全金盆洗手的罪犯杂处在一起。在希腊街上的马车与马匹酒店，或者在迪恩街的殖民地俱乐部里酗酒一个下午，意味着承认自己是失败的，或者不那么想成功，或者两者兼而有之。

在成为一名失败的散文家之前，波茨曾是一位失败的诗人。他卖着自己的货，在酒吧里写着"人民诗人"的横幅下面，以每首一便士的价格卖他的诗歌。在他出版了收录部分诗歌的《而非十四行诗》之后，苏活区的诗人戴维·赖特（David Wright）在

---

[1] 一种租给穷人住宿的房屋。

《诗歌》季刊中写了一篇文章"赞扬"波茨,题为《而非诗人》。他写道,波茨的诗"技术上讲是有史以来最糟糕的诗,但比某些拙劣诗人的自淫强得多"。赖特继续赞美波茨的散文,但补充说:"幸运的是,他已经好几年没写任何诗了。"波茨同意这种看法,在《而非十四行诗》的序言中写道:"阅读我的诗就是分享我的失败,就像生机勃勃的春天里的颗粒无收。"[2]

* * *

波茨有种充满忧郁的气质,这似乎为他招来了不幸。在20世纪40年代后期的某个时候,诗人劳里·李(Laurie Lee)从他在切尔西广场的公寓阁楼上用气枪射击了下面人行道上的波茨,仅仅因为他认为"周围的诗人太多了"。李说,当子弹落在波茨的脚上时,他转过身,训斥了身后的那名无辜的女人,然后"立即离开前往赫布里底群岛"。[3] 他一定是去看望他在休罗岛上的朋友乔治·奥威尔(George Owell)。奥威尔似乎至少可以容忍波茨,但奥威尔的朋友们和他的妹妹埃夫丽尔却觉得他令人无法忍受。

现在,尽管波茨手上还有很多没出版的书,但他的《但丁叫你贝雅特丽齐》问世了。这本关于失败的书出乎意料地取得了一些成功,甚至成为读者俱乐部的甄选之作。书评并不像波茨所说的那样激烈。《伦敦标准晚报》上,迈克尔·富特说这本书有"成为杰作的迹象"。在《泰晤士报》文学增刊中,艾伦·罗斯称其为"是一本动人、温暖、格言式的而格式不定的书……其中,精美的短语与愚蠢陈腐得惊人的句子共存"。在《听众》中，史蒂芬·斯潘德认为这是"一本令人不安、富有同情心，尽管有时令人恼怒的书……如果录制在磁带上，会有长达好几码[1]的无休止独白"。[4] 哦，好吧。批评家有发表评论的自由。

但是这本书出版之后，波茨承认有泄气的感觉。书籍一经出版，作者就必须正视期待和实际影响之间的差异。多年以来潜心呵护的作品，在光天化日下显得沉闷无趣。他在那篇广播文章中对听众说："梦想确实在孤独的时候显得非常重要，因为很简单，孤独的时候你根本没有别的东西。"既然他多年来存在脑海中的东西已经有了自己的生命，在它被迫在这个毫不宽容的世界中成形时，注定显得卑鄙而干瘪。"从某种意义上说，"他说，"我一生中从未感觉如此失败过。"[5]

* * *

在保罗·波茨走过查令十字路的一个月后，另一名苏活区的常客在几百码以外的圣马丁巷取得了更大的成功。莱昂内尔·巴特（Lionel Bart）是活跃在苏活区的年轻人，在老康普顿街上的咖啡馆里闲逛。他不必像波茨那样等待那么久，30岁生日之前他的成名时刻就来了。

1960年6月30日，在夏日的热浪中，巴特根据《雾都孤儿》

---

[1] 英制单位，1码≈0.9144米。——编者注

改编的音乐剧《奥利弗!》在牛津新剧场开幕了。对于音乐剧来说,它的主题是黑暗的:街头帮派、犯罪、卖淫和死亡。但是巴特的歌曲令人振奋,用全新的方式融合了犹太克莱兹梅尔歌谣、百老汇爱情歌曲、音乐厅的铜管乐和叮砰巷流行乐。由于不会识读乐谱,他创作音乐的方式是把哼唱的旋律录在磁带中。他称自己从来不会花一小时以上的时间唱歌,认为音乐应该像打喷嚏一样自然。然而,它们最终却恰如其分地融合了主流音乐和前卫元素,简单悦耳的旋律和令人震惊的三全音。

第一晚的观众在开幕曲时还在礼貌地鼓着掌。然后在第一幕的一半,在《就当自己》(Consider Yourself)唱段的结尾,他们疯狂了。接下来应该是下一个场景,费金[1]的窝点,但是扮演费金的罗恩·穆迪不得不等了好几分钟,观众才平静下来。演出结束时,谢幕了23次,《就当自己》和《我愿做一切》(I'd do anything)返场了很多次,然后巴特在观众"作者!作者!"的叫喊声中登上舞台。对于我们中的大多数人来说,这种能定义人生的成功只发生在最大胆的白日梦中。罗恩·穆迪感觉到"剧院周围充斥着电流般的磁性。从那以后我再未遇见过。这就是所谓的成功"。[6]《奥利弗!》在伦敦西区剧院继续上演了六年。

这样,巴特后来所说的"我的光芒四射的饭桶时期"就开始了。他成为英国娱乐圈的首富——直到被他的朋友们甲壳虫乐队取代。他在富勒姆路尽头的切尔西豪宅,是富丽堂皇的哥特风格,

---

[1]《雾都孤儿》里的反派人物,收养一帮无家可归的孩子做偷窃、抢劫等坏事。

并充满了单身汉公寓式的、遍布开关与按钮的现代感。它有一个下沉式浴缸,一个大型电影院,一间装饰着两个巨大吊灯的哥特式大厅,一间桑拿房,卫生间配有高靠背、深色木质、教堂风格的马桶和能播放亨德尔《水上音乐》的纸巾架。他在这里举行聚会,家里随时都能接待客人。咖啡桌上放着一堆堆大麻和盛满十英镑钞票的碗,供客人自取。巴特是一个从奥匈帝国逃亡的犹太难民家庭所生的七个孩子之一,在伦敦东区的贫困窟里长大。他如此渴望消除来自成长经历的记忆,以至于将自己变成一出关于成功的讽刺剧,就像神偷道奇一样引人注目。

* * *

"我们活着,我们繁荣——你让我们永葆活力,永远喝彩'好哇!'和'太好了!'如果生活是个'弱音',我们不如死去。"艾拉·格什温(Ira Gershwin)的歌曲《掌声,掌声》是音乐剧院众多要求观众表达赞赏的歌曲之一。这些歌曲让我们知道,索取掌声是一种微妙的强迫行为。我们鼓掌是出于一种责任感,应该给予表演者应有的奖赏。

古希腊戏剧家为狄俄尼西亚[1]戏剧比赛写剧本,组织鼓掌队伍试图干扰裁判的判断。在古罗马,戏剧以"Vos valete, et plaudite, cives"作为结尾,意思是:"再见了,公民们,希望您观赏

---

[1] 狄俄尼西亚(Dionysia)是古代雅典为纪念酒神狄俄尼索斯(Dionysus)而举行的大型节日,其中心事件是悲剧戏剧表演。

愉快。"在此提示下，观众会拍手，弹指或挥舞托加袍[1]。这种索求掌声的惯例已经融入了早期现代喜剧的结尾。《仲夏夜之梦》以帕克[2]的"如果我们是朋友，请为我鼓掌，/多谢多谢"结束。《狐狸》（*Volpone*）以"戏剧的佐料就是掌声"结束。

在伦敦丘吉尔酒店的舞台上，claptrap 指的是赢得掌声的技巧——现在喻指垃圾或废话。19 世纪的剧院和歌剧依靠职业观众（claque，来自法语 claquer，意思是鼓掌），指的是受雇来鼓掌的人。巴黎剧院雇用不同类型的职业观众，例如 bisseurs（要求返场或加演的人），pleureuses（在悲伤时刻哭泣的人）和 rieurs（恰到好处时大笑的人）。Chef de claque 或称首席职业观众，要参加彩排，设计出最恰到好处的掌声，并据此指挥其他职业观众。

小时候，我看过才艺秀《当机会敲门》（*Opportunity Knocks*）。在每场演出的结尾，演员会重复一小段表演，演播室的观众要在此时鼓掌。掌声会被掌声测量计测量，最高分是 100。主持人休吉·格林每周都会提醒观众，掌声测量计"只是为了好玩，朋友们"。它只能说明谁是演播室里的获胜者，而具有真正决定性的是观众通过明信片投出来的票。但是掌声测量计因其象征着人民意志而进入了民族神话。父母告诉他们的孩子，如果在客厅里鼓掌，掌声就会反映在测量计上。我发现这令人非常困惑。你怎么能测量掌声？并且为什么要这么做呢？

---

［1］ 托加袍是古罗马男子服饰，又名罗马长袍，是罗马人的身份象征。
［2］ 《仲夏夜之梦》中的精灵角色。

我进一步见识了掌声的古怪。我们班级为电视游戏节目《氪因素》充当演播室观众。在录制开始之前，现场指导教我们如何一个人制造出两个人鼓掌的声音。手的位置不能太低，必须举起到头部的位置，而且速度得是正常速度的两倍。在每个部分的结尾，他都会跑到观众面前，以两倍速在头顶上方激烈地鼓掌，要求我们做同样的事情。一段时间之后——算上中断和重演，半小时的节目花了两个多小时才录完——我的手臂非常酸，手掌拍得灼痛。实在是太累了。鼓掌的时候，我很纳闷为什么必须要这样下命令才能让大家鼓掌。

我在办公室里，经常听到附近一间教室发出寥寥的掌声。有人完成了一次展示，听众以惯常的方式表示认可。根据声音判断，鼓掌的人数不过十来人，非常整齐。有时掌声响起的时候，我刚好也完成了某个琐碎的工作。有那么一微秒，我以为掌声是来庆贺我成功关上了文件柜、按下邮件发送按钮或把一堆废纸对准了碎纸机。为这些事情鼓掌有点奇怪，但其实所有的掌声都是奇怪的。

让·鲍德里亚（Jean Baudrillard）在《冷记忆》一书中指出："没有谁比大型酒店里的钢琴演奏家更具孤独感了。"他周围全是谈话的嗡嗡声和鸡尾酒杯的碰撞声。每个人都忽略了琴键的叮当声。当他停止演奏时，人们为之鼓掌，但他知道这仅仅是因为乐声安静下来了，人们注意到音乐停止"几乎就像他们注意到杯子里面的糖融化了一样"。[7] 大多数掌声是一种礼貌的反馈。它是对成功完成某项工作的集体认可，但被认可的对象内心深处知道，这只是出于礼貌和风俗的致意。

* * *

音乐剧院的掌声则更加清楚。它解开了礼貌的掩饰，人们可以毋庸置疑地看到：这场演出是产生了轰动效果还是砸锅了。音乐剧歌手学会了如何把一句歌词唱得出彩，创造音乐的高潮来索要掌声。乐章的结尾很有刺激性：可以是断音、齐奏，就像一个强有力的休止。刺激性的结尾能够吸引观众的掌声，就像巴甫洛夫实验中铃声可以刺激狗分泌唾液一样。如果这样有效，它就会像《就当自己》一样成功地因掌声雷动而使演出停止。如果失败，那它就会完全失败。

约翰·奥斯本（John Osborne）的音乐剧《保罗·斯利基的世界》于1959年5月在宫廷剧院开幕。《标准晚报》的批评家米尔顿·舒尔曼（Milton Shulman）写道，第一晚的观众"比较讨厌它和非常讨厌它的人数大致相等"。那天深夜，诺厄·科沃德（Noël Coward）在日记中写道："在我的观戏经历中，从未见过如此令人震惊的剧……糟糕的歌词，沉闷的音乐，愚蠢的、大胆的对话——无休止的冗长场景里毫无内容，最重要的是非常业余，缺乏技巧，品味极差，让人想把头埋起来。"[8]

奥斯本最终向画廊两指敬礼。当他从剧院出来时，一小群人向他发出嘘声，喊着"胡说"和"该死的垃圾"。不满意的观众跟着他去了查令十字路，直到他跳上出租车。他后来写道："我一定是本世纪伦敦唯一被愤怒的观众追了一条街的剧作家。"⁹ 为期六周的放映结束时，演员们开始押注何时观众会开始发出嘘声。

***

顾名思义，《但丁叫你贝雅特丽齐》讲述的是保罗·波茨对一位不知名字的女人漫长的单恋。但这本书的内容也有关于一位作家的失败写作生涯，他"发现典当行比编辑更友善"。波茨在48岁时说自己"一无所有，一无所成……是个写不出诗的诗人，写不出书的作家"。渐渐地，他将单恋与另一个相关的主题重叠在一起：写作本身就像是一种单恋，同样的可耻。波茨写道："我已经尝试过，让英语这门语言爱上我内心的想法。"

这本书融合了文艺社会学和诚恳的自白，显然被认为是另一部《前程之敌》或《不平静的坟墓》——西里尔·康诺利（Cyril Connolly）关于作家理想受挫的经典著作。与康诺利一样，波茨表现出一副壮志未酬的形象，被忧郁和完美主义所摧毁。但是他却不是西里尔·康诺利。《但丁叫你贝雅特丽齐》时而感人，时而敏锐，间或抱怨，重复乏味且没有任何幽默感。在谈到失败的作品之一时，波茨对《但丁叫你贝雅特丽齐》的形容非常精妙："这根本不是一本书，它只是一些和书一样长的文字。"

尽管如此，波茨还是对文字有绝佳的鉴赏力，就像有些歌手的音色刚好比较悦耳一样。他把鉴赏力用于剖析自己的失败。他写道："我相信过，我爱过，但我失败了。""我把球正好放在门柱前面，就在这时我突然抽筋，球门柱消失了，球也滚走了。"他很聪明地承认，在他生活的那个落后的时代，他过着比大多数人更为舒适的生活，他也很诚实地说失败就是相对的。他写道："与我坐下之前在嘴里尝过的味道相比，这餐饭至少可以说，质量很差。"[10]

这本书的一个比较大的问题就是，波茨像很多认为自己失败的人一样，太孤立了。他没有可以疏远的朋友，没有需要维护的名声，没有需要保持的成就，没有需要坚持的目标。所以他把所有没消化殆尽的愤懑都发泄在了纸上。像《老水手之歌》一样，波茨偶尔会用来自失败之国的重大新闻来迷惑听众。自怜是一种强烈而普遍的感觉，它的另一面则是智慧。但从本质上讲，这是一种反社会性的追求。就像酒精一样，在它能提供暂时的慰藉时，最好要适度饮酒；而当它只会让我们更难过时，最好不要过量。明智的作家会把失败隐藏起来，或者至少把它淡化。正如波茨在书中所做的那样，试图为几十年的失败赢得同情，无论是从策略还是口气上讲，这本身就是一种失败。读者为什么要在意？他们不认识这位作家，不欠他任何东西，甚至没有继续阅读他的作品的义务。从来没有人成功地让自怜变得可爱。

* * *

《奥利弗！》之后，莱昂内尔·巴特写了两部取得了一些热度的音乐剧《玛吉·梅》和《闪电战》，但他渴望再次大获成功。

因此，他把所有的精力都投入到了一个新作品中，即对《罗宾汉》的恶搞。为了比《奥利弗!》显得更好，他给标题打了两个惊叹号。《鼻音!!》成为音乐剧历史上最著名的失败品之一。

甚至在开幕之前，报纸就已经报道了排练的紧张和后台的不和。激进的剧院经理琼·利特尔伍德被任命为导演，尽管她讨厌《奥利弗!》，并在《闪电战》和《玛吉·梅》中场休息时离开了剧场。她在纽约戏剧工作坊磨炼出来的工作方式，就是把剧本拆开，疯狂地即兴创作，然后在最后一刻把整个作品拼凑起来。她在排练中让演员们模仿垂死的树木，表演即兴歌剧，或者假装越共在与美国人作战。巴特参加了排练，并提出了一些想法，其中之一是罗宾汉应该乘坐叉车入场。

在伦敦正式开演前，该剧在曼彻斯特皇宫剧院举行的首映式是一场灾难。即兴演出失败了。笑话遭遇的是观众的沉默。这本书令人困惑。戏剧场景与那些毫无记忆点的歌曲没有任何关系，而三个半小时的时长也太久了。《舍伍德森林》的布景设计是一个小小的胜利——但正如业内人士所说，观众不会出来哼唱布景。记者招待会的前一天，利特尔伍德辞职了。一位制片人说，把这部剧带到伦敦"就像给一个疯子3万英镑，让他把钞票一张接一张地冲下厕所"。[11]

《鼻音!!》在圣诞节前几天于沙夫茨伯里剧院开幕。巴特出让了未来十年所有音乐发行利润的一半份额，为伦敦的巡演提供资金。演员们现在已经筋疲力尽了，因为他们不得不在每晚参加演出的同时学习新的台词和歌曲。他们没有时间背熟的台词被贴在了布景的后面，但这些改变都没有奏效。《舞台报》的 R. B. 马里奥特认为这是"一个潮湿、邋遢、虚弱的玩意儿"。杰瑞米·朗德尔在《戏剧与玩家》杂志中认为"作为一场在专业舞台上，面对付费观众的演出，这些改变真的没有任何意义"。《泰晤士报》称之为"一个没有一句诙谐的台词、没有一首令人难忘的歌曲，也没有一个引人注目的场景的节目"。[12]

这位《泰晤士报》的评论家也思考道："音乐剧吞噬了巨大的资金投资，却一无所获，这令人费解。"这是一种轻描淡写的说法。音乐不仅吞噬了金钱，还吞噬了人们很多的自尊、精力和生活，并带来了比一无所获更糟糕的回报：失败、嘲笑和毁灭。

《鼻音!!》的闭幕演出在 1 月 14 日。接替利特尔伍德担任导演的伯特·舍福洛夫在剧场后门向大家发表了临别感言："我们都踮着脚尖站了很长一段时间，却没有人给我们一个吻。"[13] 与一本书的失败相比，音乐剧的失败是一种更低级的一厢情愿——因为拒绝是更加明确的，而且是在公共场合发生的。

由于期待和成就之间的巨大差距，音乐剧的失败会引发一种特殊的幸灾乐祸。为一次失败投入的时间和精力不亚于一次成功。奇怪的"成功炼金术"要么成功，要么不成功；舒芙蕾[1]要么会膨起，要么一动不动。音乐剧《凯利》讲述了一名男子从布鲁克林大桥上跳下自杀的故事（"一个出了问题的坏主意"——

---

[1] 舒芙蕾是一种法式甜点，主要材料包括蛋黄及拌入不同配料的、打匀后的蛋白，经烘焙质轻而蓬松。烘焙时如果食材在容器里膨胀、升高，即为成功；否则就是烹饪失败。

《先驱论坛报》），1965年在百老汇开幕之夜就闭幕了。《甜蜜的荷马》（*Home Sweet Homer*）由尤·伯连纳饰演奥德修斯。研究音乐剧失败史的历史学家肯·曼德尔鲍姆（Ken Mandelbaum）评价道，这是"百老汇历史上最愚蠢的音乐剧之一。"[14] 由BBC第一广播电台的DJ迈克·里德创作的音乐剧《奥斯卡·王尔德》于2004年在伦敦肖氏剧院开幕后就停演了，它的下一场演出只卖出了五张门票。

对这种失败的可怕迷恋不仅源于愚蠢，还源于假想的快乐和实际的痛苦之间的巨大差距。音乐剧从强迫的活泼和虚假的欢呼中汲取能量。表演者们在每一场表演结束时都带着灿烂的笑容，张开双手表演爵士手舞步，迫切地索求着喜爱。音乐需要投入如此多的时间和金钱，以至于被爱是情感和经济上的当务之急。即使观众知道自己正在被旋律的牵引和管弦乐的增强音所摆布，也可能会选择继续跟随下去。或者，他们可能会发现自己更难去爱那些非常努力地想要被爱的东西。

音乐剧最大的优点也是它最大的弱点：可悲地渴望着取悦观众。舞台上充斥着昏庸、做作的享乐；台下充斥着惊慌失措的重写、打架、流泪、罢工和诉讼。拉里·吉尔巴特在与人合著《春光满古城》之前，写了一本失败的书《战时英雄》。1961年，这部电影在百老汇之外的演出表现不佳，他悲伤地说："如果希特勒还活着，我希望他能带着音乐剧出城。"[15]

***

每一位经济学家都知道沉没成本的谬误——也就是所谓的在投入大量成本之后依然倾向于继续投入。在 1976 年《自然》杂志的一篇文章中,理查德·道金斯(Richard Dawkins)和塔姆欣·卡莱尔(Tamsin Carlisle)给这种现象起了另一个名字:协和谬论。在协和式超音速客机变得不经济很久之后,英国和法国仍在继续对其进行投资,因为他们急于证明他们的巨额联合投资是合理的。

道金斯和卡莱尔认为,只有人类才会如此不理性——按照自然选择的逻辑,其他动物会做出更理想的抉择。道金斯与简·布罗克曼(Jane Brockman)一起继续对雌性大金带泥蜂进行研究,他们发现泥蜂同样容易受到协和谬论的影响。雌性大金带泥蜂挖掘洞穴,保存它捕来弄残用于喂养幼崽的纺织娘。它把洞穴挖得离孵卵的地方很近,形成了筑巢区。这意味着泥蜂经常会碰到并占据另一只泥蜂挖的洞穴,而不是自己挖。

有时,擅自占地的泥蜂会在洞穴入口遇到洞穴的前主人,它们会开始打架,直到失败者逃跑。布罗克曼和道金斯发现,泥蜂为争夺巢穴而打斗的时间长短,并不取决于那里总共存了多少只纺织娘,而是取决于它自己在那里放了多少只。这是不合逻辑的。它为了已经付出的工作成果而更加坚决地保卫巢穴,这是不理性的。因为按理说只有巢穴的当前价值对它来说才是重要的。但它就是根据已付出的劳动的多少决定打斗时间的，和人类一样，这是过度投资行为。[16]

沉没成本是不可收回的，按理说在随后的决策中它不再重要了。但人们潜意识里忍不住地要考虑它，并继续投资于明显很失败的企业。我们继续认为，可以通过最后一把赌博来摆脱赌债，或者应该继续把一顿恶心的饭吃完，因为我们已经为此付出了代价。受伤的自豪感和不愿面对失败的耻辱感都起到了作用。经济学家称之为"承诺升级"。

音乐剧方面的失败总是为这种谬论提供佐证。回忆自己的失败经历时，约翰·奥斯本写道，音乐剧从业者被"短视的信念"所束缚。[17]他们坚持认为问题只是技术性的，微小的调整可以解决一切问题。在很多音乐剧情节中，开幕之夜明星生了病，不知名的合唱团女孩被从队伍中拉了出来，然后一切都变得很顺利。也许他们是受此鼓舞。

信仰先是变成了否认，然后是妄想。对音乐一无所知的人都可以从《鼻音!!》的第一个和弦中看出它是个哑弹。每个人都能听到、看到甚至闻到它——舞台上传来的失败的气息。每个人，也就是说，除了那个大金带泥蜂作曲家——他只考虑着自己投入的所有努力，以及如何才能让它一炮而红。

* * *

这就是保罗·波茨遭受的沉没成本谬误的折磨。与巴特不同的是，他没有舍弃投入的数千英镑——只是舍弃了他的一生。他犯了许多作家犯的错误，认为只要能写出一部小杰作就能让一切都好起来。他写道："如果我能创作出一件艺术品，哪怕是一本书、一首诗，甚至一个非常棒的句子，都可以让我永远脱离庸才的行列。然后，所有没能做好事情的羞耻感都会烟消云散。"[18] 然而这不会实现，最终也没能实现。《但丁叫你贝雅特丽齐》很快就被遗忘了。它最接近成为不朽之作的时刻，是被短暂而难以置信地选为 A 类教材。波茨直到很久以后才发现这一点，并对没人告诉他这一点而感到不满。

作家无法在音乐剧中贡献类似于电影片尾彩蛋的片段，只能用一页纸的文字赢得掌声。只有不是为了取得成功而写的书，才能真正取得成功。写书的正确目的是做自己——是书需要存在，而不是它的作者需要被爱。一本书只有在感觉像是送给世界的礼物时才会取得成功，而礼物不能附带条件或者期待有回报。对于一个作家来说，承认因为自己准备的礼物没有如愿受到热烈的欢迎而感到失望，这是违反礼仪规则的，就像要求单恋被回应一样不体面。

波茨继续写作，他的一小部分文字甚至出版了。但是，没有一个能比得上《但丁叫你贝雅特丽齐》的微小成功。他的作品变得越来越暴躁，编排也越来越混乱。他出版的最后一本书《圣体的诱惑》中，句法充满了错误。逗号断句非常随意而破碎，其中一些重复了他早期作品里的台词，在到达结尾之前就忘记了开头。"把你的月桂叶拿走，"其中一个人说，"我也不喜欢桃金娘的味道,你现在才来还带来了赞美;现在太阳都出来了,你才带来灯,但他们把我扔到本顿维尔的那天晚上时你在哪里,当我饿的时候,我永远找不到你。"[19]

"这样的作品不需要简介",这是他的出版商马丁·布莱恩和奥基夫写在书封上的一句话,他们显然非常困惑。"《圣体的诱惑》是一首诗歌,"简介继续写道,"如此真实的诗歌,不需要韵律,不过恰巧它的韵律很糟糕。"简介最后的语气像一个耸肩:"请你自己读一读,把这本诗读明白。"

波茨蹒跚的身影仍然是人们熟悉的**苏活区**(soho)景象。目前为止,他主要以向人们要钱和身上气味难闻而闻名。他会向任何给他买吉尼斯黑啤酒的人抱怨,他应该成为一名医生或建筑师,而不是这样无所事事地生活着。他向周刊出版商索要免费的赠阅本,然后直接卖给查令十字路的二手书店。他在苏活区的餐馆用餐,然后不付钱就走,让在附近的熟人来结账。他有一个习惯,就是踢那些让他不高兴的人的小腿,不管是男性还是女性。

波茨在拜访别人家时,还会偷窃衬衫和烟灰缸这种方便藏起来的东西。他曾从艾瑞斯·梅铎那里偷过一台科鲁纳打字机,因为他说他更需要它。苏活区作家杰弗里·伯纳德指控波茨从他那里偷了一条丝绸领带,然后第二天在酒吧见面时厚颜无耻地戴上了。有一次,他看到波茨突然在街上停了下来,凝视着天空,大声尖叫。

1986年,时年75岁的波茨为克里斯托弗和塞巴斯蒂安·巴克的《诗人的自白》一书拍了照片。那时,他已经根本不是一个诗人了,所以能与泰德·休斯、约翰·贝杰曼、菲利普·拉金和伊丽莎白·詹宁斯一起接受拍照应该是一种荣誉。相反,这看起来更像是一种暴露。波茨坐在海布里公寓的床上,仰着头,他已秃顶,侧发蓬乱,留着流浪汉的胡子,凄凉地看着镜头。他穿着一件短厚外衣,下半身裹着一条毯子,一只又大又脏的手半搭在手杖上。在他身后,剥落的墙纸在与霉菌的战斗里节节败退。

* * *

杰弗里·伯纳德是一个远比保罗·波茨更成功的失败者。他在1978年写的一篇恶搞讣告中总结了自己失败的一生。1946年,14岁的他第一次来到苏活区,"从那时起,他就再也没有向前看了"。在迪恩街和老康普顿街的咖啡馆和酒吧里,他养成了"他非凡的懒惰、嫉妒和自怜"。他花了太多时间喝酒和赌马,以至于无法维持一份普通的工作,"因此被建议从事新闻工作"。[20] 这则讣告刊登在《观察家》上伯纳德每周的《低生活》专栏中。在这里,他记录了二十一年来靠酒吧过活的生活,观察着自己的身体日渐衰退。

有时,当他在米德尔塞克斯医院的酒精病房待得时间比较长时,《观察家》会在替补作家写的专栏底部公告,"杰弗里·伯纳德身体不适"。1989年,基思·沃特豪斯用这句话作为伦敦西区热剧的标题。这部剧根据伯纳德的生活改编,由彼得·奥图尔主演。这场演出让伯纳德成为公众人物。演出期间,他坐在沙夫茨伯里大道阿波罗剧院的酒吧里,陌生人对他指指点点。或者有人会在马车和马匹酒吧里闲逛,希望能给伯纳德买一大杯伏特加和苏打水。尽管出版商向伯纳德约稿自传很久了,他却从未动笔,尽管他没有写成很多其他他已经为之花了大量预算的书,尽管他的右腿在得了坏疽病后不得不在膝盖以下截肢,但他现在已经成功了——他的名声完全归功于写那个关于浪费生命的专栏。

伯纳德的作品有着砂纸般的迷人和辛辣的幽默。它平静地传播了苏活区的信条,那就是在伦敦中心区这个小小的街道网格之外的世界里取得的成功是多么无可救药地有失体面。如果在似乎永无尽头的一个个下午里,喝酒消磨生命会让你成为一个失败者,那么这仍然比"在公园巷一家普通、粗俗的酒店里附和别人、行吻面礼,收集看起来像亨利·摩尔[1]的铜粪球一样的奖章"更高尚。21 然而,伯纳德的专栏今天读起来是很痛苦的,里面充满了恐同症(苏活区:被同性恋者毁掉)、随意的种族主义(伦敦:被阿拉伯人占领)、标准的厌女症(女性:拜金的"鸟"或中年"锅炉")和无处不在、几乎不加掩饰的酸腐味。

伯纳德并不比波茨更讨人喜欢,但他严格遵守了两条被波茨违反的不成文的苏活规则。如果你失败了,你不能让人感到厌烦;如果你成功了,也是如此,必须要用自我毁灭来稀释它。这些不成文的规定使伯纳德获得了苏活区真实但却不可兑换的货币——尊重。他的专栏一直写到去世前两周,直到最后内容都很有

---

[1] 英国雕塑大师。

趣——尽管他现在写的是自己虚弱到几乎出不了浴缸，以及他是否应该拒绝透析来有效地结束生命（他确实这样做了）。即使在失败的前沿领域，仍然存在等级；有些人就是比其他人表现得更好。

* * *

莱昂内尔·巴特的失败是最戏剧化的，因为他的失败限度最深。《鼻音!!》实际上结束了他的职业生涯。1969 年 12 月，费里尼电影的音乐剧版《大路》在百老汇只上演了一场，除了三首歌曲外，其他歌曲都被删除了。他还创作了其他音乐剧——根据《格列佛游记》《巴黎圣母院》《大鼻子情圣》和果尔达·梅厄生平所改编——但都没有成功开幕。他还出售了《奥利弗!》的版权，使他损失了数百万的版税。1972 年，他申请破产，负债达六位数，但资产只有 624 英镑。到目前为止，他既酗酒又吸毒，患上了他所说的"鸵鸟"症——一次会把自己关起来好几天。

乍一看，巴特的沦落就像一个道德寓言。傲慢导致了报应：挥霍和不自量力带来了破产和耻辱。但这掩盖了一个更简单的事实：音乐剧场里的失败，是家常便饭，就像在生活中一样，事情的失败有很多原因。剥离所有变量，分离出一个核心原因，就像在混沌理论中一样是无法成功的，几乎是不可能完成的。在从创意到开幕的旅程中，太多不同的自我、技能和天赋需要融合在一起，因此失败是最有可能的结局。

音乐剧与生俱来就有些傻里傻气，充满了笨拙的技巧和超现实的并置。在现实生活中，人们不会突然放声高歌，疯狂地围绕着对方跳舞，就像这是世界上最正常的事情一样，然后像什么都没发生一样重新开始对话。这种内在的荒谬让任何成功或失败的套路都化为泡影。

许多热门音乐剧的设定都是荒谬的，剧本就已经注定了它们的失败。一名爱尔兰人从一只小妖精那里偷了一罐金子，并来到美国又种下它，他的女儿在那里卷入了一场佃农反抗偏执的参议员的运动，后来当参议员暂时变成黑人时，他看到了自己的错误（《彩虹仙子》）。一群猫聚集在舞会上，决定哪只猫将登上猫的天堂（《猫》）。一台废弃的蒸汽机与现代发动机比赛，穿着旱冰鞋的演员在环绕剧场的轨道上扮演火车（《星光列车》）。在音乐剧中，没有所谓的万无一失——这后来成了梅尔·布鲁克斯的电影《制片人》的情节，这部电影后来成了一部热门音乐剧。

音乐的狂喜和滑稽之间仅有一线之隔。他们张开双臂，满怀希望地拥抱世界，这是积极向上的一面。当创作者努力从文字、音乐和动作中创造出极其美丽的东西时，即使是他们自己也知道这可能会让他们看起来又绝望又愚蠢。

那么为什么要这么做呢？也许是因为要做出极其美丽的东西，必须要冒着做出令人讨厌的东西的风险。被误导的坚韧品性，让我们狠狠摔倒在地，但也让我们达到了最大的高度。当这种品性展现出来时——会将歌曲、歌词、舞蹈、对话和故事这些相互冲突的元素连接成一个完整的整体——却不太可能让全世界都为之欢呼。最辉煌的艺术成功离失败的火焰最近。正如萨菲尔在吉尔伯特和沙利文[1]的《耐心》中所说："是的，也许，是胡说八道——但，哦，是多么珍贵的胡说八道！"

* * *

除了对于少数幸存的老苏活区常客，"保罗·波茨"这个名字现在只让人想起赢得《英国达人秀》第一季的歌剧男高音。詹姆斯·科尔登主演的电影《机不可失》讲述了他的故事。电影的情节——不善社交的男主人公在霸凌中度过童年，父亲不欣赏他，他默默地做着手机推销员的工作，后来却成为一名让成年人都能哭泣的著名歌手——这描绘了一道标准的成功曲线。而另一位保罗·波茨却已经被遗忘了。

但"被遗忘"这个词经常表示出微妙的指责，将被遗忘的事物贬低为可悲的无关紧要的东西。**一本被遗忘已久的书，一位现已被遗忘的作家**。但是谁在遗忘呢？我们。被遗忘的人几乎不应受到指责，因为在现世主义自我关怀的小泡泡里，我们懒得去记住他们，而且已经忘记了我们也会被遗忘。过去的生活是否只是因为不再与我们唯我的担忧相关就成为失败了？我们都在不同程度上对过去姿态傲慢，误认为自己不会遗忘祖先。那些执着于所

---

[1] 维多利亚时代幽默剧作家威廉·S. 吉尔伯特（William S. Gilbert）与英国作曲家阿瑟·沙利文合作。二人在 1871 年到 1896 年长达二十五年的合作中，共同创作了 14 部喜剧。歌剧获得了全球性的成功，如今在使用英语的国家依旧经常演出。

传下的遗产和子孙后代对自己的评价的人，对自己和他人都造成了很大的精神伤害。历史教会我们谦逊。如果失败意味着被遗忘，那么每个人最终都会失败。

从前，我是一名研究日常生活的历史学家，这意味着要花很多时间阅读旧报纸。我曾多次乘着地铁北线前往位于科林代尔的英国报业图书馆，那里有着破碎的旧报纸和印刷墨水，这间图书馆现在已经不复存在。翻阅旧报纸时，我总是会感觉到认知有些被颠覆，因为报纸不是为了过期之后还有人阅读而设计的。法语中报纸是 journal 这个单词，意思是"当日"，把这个意思总结得很好。在希腊语中是 efimerida：一只蜉蝣。就像蜉蝣一样，报纸注定要在出生的那一天死去。在最近的记忆中，旧报纸被用来包装炸鱼薯条，吸收底部的油。

在科林代尔的缩微胶卷室里翻阅数千页的《每日速写》或《新闻纪事》，让我意识到所有文字，以及所有试图记录人类生活的载体，都是可丢弃的。阅读旧报纸上的艺术评论和演出信息，感觉就像进入了一个属于过去的失落世界。这让我看到了集体记忆是一个多么像筛子的容器，以及有多少名人在生命结束之前就被遗忘了——用 A. E. 霍斯曼的话来说，"名声在外的跑步者/名气在他身前就死了"。

小说家安妮·恩莱特（Anne Enright）写道："从长远来看，我们都死亡了，我们都不会像普鲁斯特那样永垂不朽。"即使是成功的作家也认为自己是失败者。契诃夫在信中抱怨铁路书店没有备货他的书。亨利·詹姆斯是一个失败的剧作家，威廉·福克纳是一位失败的诗人。保罗·波茨的朋友乔治·奥威尔认为他的职业生涯大多是浪费时间，他在文章《我为什么写作》中写道，"每本书都是失败的"。当 T. S. 艾略特的出版商罗伯特·吉劳茨和他说大多数编辑都是失败的作家时，他回答说："也许吧，但大多数作家也是失败的作家。"埃兹拉·庞德在生命即将结束时接受了艾伦·金斯伯格的采访，他说自己的工作"一团糟……自始至终都愚蠢和无知……七十年后，我发现我不是一个疯子，而是一个白痴"。当菲利普·罗斯在 80 岁时放弃写作，再也无法忍受每天的沮丧时，他说："这就像打棒球：你有三分之二的时间都是输的。"

写作似乎不受一万小时规则的约束——这一理论认为在任何领域获得专业知识的关键，是以正确的方式练习足够长的时间，尽管它选取的整数令人怀疑。在写作中，再多的努力也不能使人精通。世俗的成功也不能让人永远免受扎迪·史密斯所说的"个性化的文学失败"，即作家以独有的方式失败。史密斯将文学失败之土想象成"大部分是海滩，充满希望的作家站在海岸线上，而完美的小说却堆积在对岸，遥不可及"。

***

正如 1960 年 5 月保罗·波茨在查令十字路上那次沮丧的漫步中凭直觉感受到的，书的出版往往是一场失败。我们终于把自己的话语永远地印在了薄薄的木浆上，粘结成册，用硬封面封起来。

我们为这个辉煌的时刻投入了太多。想到波茨这么多年来如此渴望这一刻，真是令人难过。现在那个梦只剩下一家潮湿的二手书店里和大英图书馆里的孤本《但丁叫你贝雅特丽齐》，六十年后，被另一位研究失败的默默无闻的作家从库房里调了出来。

任何一种生活都比几乎所有的书都更引人入胜。乔·古尔德（Joe Gould）的生活就是一个很好的例子。《纽约客》撰稿人约瑟夫·米切尔于1942年在一篇题为《海鸥教授》的文章中首次写到他。古尔德和波茨之间的相似性是惊人的，他也是一个身材魁梧的穷人，住在破旧肮脏的酒店和廉价旅馆里，乞讨零钱果腹，从朋友那里偷小东西，在放荡不羁的艺术家们的聚集区，也就是格林威治村的酒吧和咖啡馆游荡。然而，与波茨不同的是，他有一种让聪明人认为他是天才的技巧。

因为古尔德正在写世界上最长的书——一本美国普通民众的口述历史，这本书即将成为他所处时代的恢宏巨作。这本书对现代美国的影响，就像爱德华·吉本[1]之于罗马帝国。1917年，在被哈佛大学开除六年后，他开始写这本书，用邮局墨水架上的自来水笔在廉价商店的作文本上撰写草稿。他的笔记散落在城市各处，存放于好心人家里的阁楼和地下室里。米切尔见到古尔德时，他已经写了900万字。

1964年，古尔德在精神病院去世七年后，米切尔在《纽约客》的另一篇文章《乔·古尔德的秘密》中讲了这个故事。他一

---

[1] 近代英国杰出的历史学家，影响深远的史学名著《罗马帝国衰亡史》一书的作者，18世纪欧洲启蒙时代史学的卓越代表，有"英国启蒙时代文史学之父"之称。

直试图帮助古尔德与纽约的编辑们建立关系，但他却拒绝得到帮助，要么爽约，要么拒绝交出他的笔记本。最后米切尔明白了：这本书根本不存在。

一开始，他觉得自己被耍了。但后来他想起，他年轻时，自己构思了一部规模相当于乔伊斯的《尤利西斯》的以纽约为背景的大型小说。在乘坐地铁的过程中，他可以在脑子里写完整本书，不停地幻想完成了那本绿色和金色封面的书。但他却从来没有写过一个字。书籍的尼亚加拉瀑布从世界各地的出版社中倾泻而下，其中大多数都枯燥无味，他现在想知道，他和古尔德没有写出来书，是否算是帮了世界一个大忙。[22]

米切尔开始认为古尔德是一个比大多数小说中的角色更引人注目的人。他可以模仿海鸥的叫声，并将其翻译成人类的叫声。他会跳奇佩瓦印第安人的踢踏舞。他可以用体验派表演方式扮演一部伟大的、未出版的作品的古怪作者。E. E. 卡明斯、埃兹拉·庞德和威廉·萨洛扬受启发撰写关于他的文章，约瑟夫·斯特拉和爱丽丝·尼尔为他作画，阿伦·西斯金德[1]为他摄影。古尔德的书可能不像米切尔的那样不切实际，一直在为了寻找更好的故事而写，它的形式很可能是一系列又短又乱的笔记。但古尔德无疑是一个失败者，米切尔在他身上找到了一种超乎寻常的亲近感。《乔·古尔德的秘密》是米切尔的最后一部重要作品。在接下来的三十二年里，直到1996年去世，他一直在《纽约客》的办公室

---

[1] 美国摄影师，他密切参与了抽象表现主义运动，是抽象主义摄影师代表之一。

里工作，但几乎什么都没发表出来。他的失败作品之一是他在《乔·古尔德的秘密》中提到的那本未曾落笔的小说。

***

波茨在《但丁叫你贝雅特丽齐》一书中写道："因为我想写的诗根本没有写出来，所以英国文学错过了一个不错的作家。有一点点真相没有被发觉，有一点点爱没有被传播。"[23] 也许是这样吧。但也许恰恰相反，波茨最好不要出版任何东西。

根据后人严格的审视，区分一部无足轻重的作品和一部根本不存在的作品，可能会让人感觉对无足轻重的差异过分执着。波茨真正重要的不是他平庸的写作，他自己才是那部天才之作。就像格林威治村的乔·古尔德一样，他是苏活区街头艺术的一部分，是一个以失败为主题的行走装置。就像古尔德一样，他以自己的方式孕育了传奇，并留下了印记。伟大的苏活区摄影师约翰·迪肯为他拍照。雕塑家巴里·弗拉纳根制作了他的青铜头塑。帕特里克·卡瓦纳和 W.S. 格兰汉姆都在诗中提到了他的名字。今天，他在乔治·奥威尔、迪伦·托马斯和休·麦克迪亚米德等更著名作家的传记中客串了两句精彩片段。这比我们大多数人留下的还要多。

我认为，保罗·波茨与济慈、雪莱和其他作家一样，他应该在西敏寺的诗人角[1]有一块纪念石或者纪念碑。他应该被铭记为失败作家的守护圣徒——代表我们所有人，就像纪念碑下坟墓中的无名士兵一样。像很多作家一样，他可能脾气暴躁古怪，对自己在人类生态系统中的地位一无所知。但谁说作家或失败者必须是可爱的呢？哪位作家没有犯过波茨犯过的同样的错误——指望遥远的未来，期待那时我们的才能得到完善，让生活变得有意义，使我们的罪恶得到赦免？

＊＊＊

恐怕，这些故事的结局并不令人感到多么安慰。波茨于1990年去世，当时他独自一人卧床不起，用烟斗点燃床后活活烧死了自己。九年后，巴特去世了，他住在阿克顿一排商店上方的一套公寓里，生活条件非常恶劣。《奥利弗！》1994年在伦敦帕拉迪宫的成功重演让他有些许的振奋，但他感到自己仍然是被低估了，没有丝毫成就感。他在生命最后十年中唯一的工作是为阿比国家建筑协会制作电视广告。至少，从那以后他说服自己不要喝酒了——因为有一次他在前门旁边睡着了，被落在他脸上的晨间邮件吵醒了。然而，那时他已经患上了糖尿病，一半肝脏已经坏掉了。

但我仍然不能认为巴特的生活是失败的——保罗·波茨的生

---

[1] 西敏寺南走道的一段的传统名称，因为许多诗人、剧作家和作家在那里被埋葬和纪念。

活也不是失败的。作为一个需要工作赚钱的人,我每天需要处理完邮箱里的任务和会议提醒,与此相比,我欣赏真正的艺术家那种要么全情投入,要么什么也不干的忙碌生活。对我来说,这就像从飞机上跳下来,希望在降落中能获得降落伞一样勇敢。如此渴望一件东西,却因为得不到而毁掉了一生,这应该算是**有意义的**,不是吗?正如沃尔特·惠特曼所写,战斗的失败与胜利有着同样的精神。也许保罗·波茨说得更好:"我和一个真正的艺术家之间的唯一区别是我并非真正的艺术家。"[24]

也许你自己的生活已经失败了,就像音乐剧的失败一样。你从远大的梦想开始:你的名字在灯光下,你穿着全套正装晚礼服,观众们起立鼓掌,呼喊着"作家,作家!"相反,你最终会离开城区,住在廉价的酒店,希望能在伦敦西区上演从未落地的音乐剧。你和你的合伙人闹翻了,午夜重写剧本,削减场景,并在布景后面贴上了新的台词。你心里知道,这没有用,也永远都不会有用,但这部剧必须继续排演下去。成为一名职业人士意味着在失败的时候继续坚持下去。观众会用起哄、嘲讽或稀稀拉拉的掌声来回报你,而停演通知来得比你所期待的要早得多。这就是演艺圈。

或者,也许你的生活是一场进展更缓慢的失败——就像一本在你脑海中构思了多年的书。那本书的历程和它的生命,就像一条从源头到大海的河流。它的想法开始时就像一股泉水或者叮咚细流。水源附近的水流最快,所以上游充满了兴奋,有很多急流和瀑布。然后河水变慢变宽,进入它的中游。最终,它变成了潮汐,文字失去了所有的冲击力。这是作家所能做的一切。但更糟糕的是这条河最后被其他人无视，淹没在了一望无际的海洋中。有些人可能更喜欢听到暴躁的咆哮，而不是更加冷酷的沉默现实。

你梦想着用脑海中半成形的幻想做出一些经久不衰的作品，但你做出的东西却单薄、苍白、平淡、无足轻重。这不是你在梦中构思的杰作，但当它在现实世界中成形时，什么都不是。它没有得到你所期望的爱，但对爱的渴求永远得不到满足。它很快就会被遗忘，但随着时间的推移，一切也都会被遗忘。你的失败就像其他数十亿次失败一样，只不过这次与你有关。也正像那数十亿次失败一样——它们都是在世界上留下印记的、不可抑制的愿望，在洞穴的墙上留下猛犸象的草图——这是一件不畏艰难、令人振奋的事情。

* * *

我们也永远无法猜测我们的工作或者艺术作品会对他人产生什么影响。丽贝卡·索尔尼认为，写作"是一种间接影响和潜移默化的典范；没有人比作家更心怀希望，没有人比作家更是一位疯狂的赌徒"。索尔尼承认，在她长年累月的写作和修改中，"把东西扔进垃圾桶和出版之间的区别是微小得令人无法察觉的"。但最近，她的作品开始收到世界各地的反馈，因为触达读者的方式拖延已久且出乎意料。"你撒下了种子，"她写道，"它们可能会被老鼠吃掉，也可能会腐烂。加利福尼亚州的一些种子休眠了几十年，因为它们只有在火灾后才会发芽，有时被烧毁的景观会绽放得最灿烂。"[25]

任何真正有价值的行为都不是百分百有回报的。所有的创造性工作都长期押注了我们的时间和生命。书籍被搅成浆状，粉碎成道路集料。戏剧的观众席上只坐了半满，在下市前表演了两周，电影院里付费顾客对着正在上映的片子在舒适的椅子上昏昏入睡。电视演员的大戏被成千上万的吹风机、吸尘器和客厅争吵声淹没。托马斯·卡莱尔（Thomas Carlyre）写道，"所有的工作都是播下的种子，谁应该来计算过去、现在和未来的收成？"许多种子散落在地上，大多数落在石头上。艺术是一封死信，信封上没有名字，被寄进了虚空。

创作的果实是不同步、不对称的——与不在场和以后才会出生的人尚未发生的对话。我们所能做的就是保持这样一种信念，即我们的创造行为本身发生时就像成群的椋鸟或鱼群的动态一样，可以彼此串联，它们总有一天会融入世界所积累的美丽和智慧。每一个创造性的行为都加入了这首永恒的人类生活交响曲。失败是我们为了在管弦乐队中取得地位所付出的代价。

6. 人性的曲木
或者为什么失败只属于人类？

"在人类生活中，
就像在绘画中一样，
只有可能失败的东西才能真正美丽。"

在我成长的过程中，成年感觉就像是一种光荣的完满状态。这意味着可以非常随意地解锁汽车，打开酒瓶，或者从上衣口袋掏出支票簿，草草签下名字递给服务员来支付账单，无须先拍拍胸脯检查支票是否还在。这群巨人在打电话时，凭借着多么神奇的自我控制，成功地将听筒夹在下巴下，或者第一下就点燃了打火机！我把20世纪末成年人的普通水平误认为是魅力和精明的证明。成年人似乎是如此毫不费力地精通于**生活**。

从那以后，我发现许多孩子也有同样的感受。我们的经典儿童读物将童年描绘成一片迷人的土地，被从成年的堕落状态中充满渴望地窥探着。儿童电影也经常有工作狂父亲的故事线，必须由孩子教他如何重新进入魔法领域。我们忘记了，与彼得·潘或克里斯托弗·罗宾不同，大多数孩子都迫不及待地想长大。他们渴望离开梦幻岛或百亩森林，到达那个迷人但遥远的地方，成年。对他们来说，童年是一次正在忍受的刑罚，一块需要蜕掉的皮，一个要推翻的国家。作为一个成年人，没有人觉得你必须乖乖听话，这种感觉足够新鲜而刺激。

作为成年人，我们忘记了我们曾经有过这样的感觉，所以我们也忘记了成年是一个来之不易的成就。我们父辈是婴儿潮一代，我小时候非常羡慕他们的成熟，他们的成年之路是一条捷径。许多人在20岁出头的时候就结婚了，有孩子、养老金和自己的房子。他们似乎很容易地就进入了成年期，就好像这是青春期一样不可避免的人生阶段——但也许，就像大多数事情一样，这并不像看起来那么简单。

＊＊＊

如今，成为大人变得更加复杂，"**成年**"已经变成了一个动词。**成年**对一个20多岁的人来说，就是做一些成年人的事情，尤其是一些像是浇花、熨衣服或给插头布线的普通事情。婴儿潮一代有稳定的工作、最终薪资养老金和廉价的抵押贷款，可以顺利地进入成年。如今，开始进入成年的年轻人没有这样的道路可走，他们发现自己陷入了半成熟期，有着成年人的身体，但没有成年人的剧本，不知道如何表现自己的年龄。

"**成年**"这个词意味着自嘲。它认识到，成年意味着做枯燥的基础工作，而不是期待掌声。但对于那些被剥夺了父辈成年后享受过的诸多福利的人来说，这也是一个充满渴望的词。他们不得不做领时薪的低端工作，仍然住在家里或出租房。他们感到自己在青春期和中年之间处于进退两难的境地，可也难怪。

我们这个艰难时代的特点之一是长辈对年轻人毫无意义的嘲笑。因为他们竟敢想要一份稳定的工作，买得起一套房子，他们被当作雪花一样随意解雇，并被告诉要长大，不要再抱怨了。要是冷嘲热讽的人知道，一个年轻人今天必须有多少内心的坚韧、低级的狡猾和虚张声势的本事才能无聊地生活下去就好了。

生活的大部分时间都是管理。所谓的"零工经济"[1] 很残酷，它取名不当，是如此无情，消耗着情感。年轻人浪费了大量的时间寻找住处，与坏房东打交道，不停地工作和申请工作。所有的有偿工作都需要技巧和毅力。没有所谓的非技术性工作——如果我们被要求用浓缩咖啡机准备一杯咖啡，从收银台找回零钱，或者像女服务员一样迅速地打扫酒店房间，我们很快就会发现这一点。最艰巨的事情往往是控制自己不要尖叫出来，不要把自己团成一个哭泣的球。"我们不是圣人，但我们如约到访，"弗拉基米尔在《等待戈多》一书中说道，"有多少人能这样说？"爱斯特拉冈回答："数十亿人。"光露面就够难的了。每一个生命都有自己的英雄主义行为，即使——不，尤其是如果——以失败告终的话。

我可能已经成年很久了，但最让我觉得失败的是我继续试图成年。我仍然认为自己是任何聚会中最年轻、最幼稚的人，但所有的事实都与之明显相反。我是左撇子，协调性差，不擅长运动，在这个世界上行走笨拙，身体不适。我徒劳地戳着智能手机，而周围的数字设备大师们像演奏乐器一样滑动和攥着它们，熟练地预订出租车和酒店，在陌生的街道上导航。我的手机经常与我断绝关系，拒绝识别我的指纹，无法自行解锁。

我学习通常的运动技能也比较迟钝，比如学习游泳或骑自行

---

[1] 区别于传统"朝九晚五"的时间短、灵活的工作形式，利用互联网和移动技术快速匹配供需方。零工经济是共享经济的一种重要的组成形式，是人力资源的一种新型分配形式。

车。我四次驾驶考试都没通过，第五次考试才通过，因为当我平行停车失败时，考官很可怜我。"我们以后要谨慎行事"，他眨了眨眼睛，告诉我已经通过了考试。这种善意的通融只意味着我觉得自己在精神上失败了，此后几年我开车都非常紧张，不确定自己是否应该上路。

然后是我的身体掌握了在不祥的时刻让我失望的诀窍。我的嗓音在我最需要它的时候，比如在讲座中途，经常崩溃。在学术会议上第一次展示论文的时候，我因睡眠不足和紧张而晕倒，小组主席不得不宣读我的论文，而此时我羞愧地坐在房间的一角，忍着不要呕吐。

然而，大部分时间里，我都能给人一种有说服力的印象，让人觉得我是一个负责任、有能力的成年人。闹钟响起时，我起床，按时上班，往返于我需要去的地方，知道该站在哪里，该说什么，回复语音消息，并在截止日期前完成任务。我相当确信，其他人认为我能力强、公平和理智。尽管如此，这从未感觉像是真正的成年，这一切都被自我撕裂的焦虑之云所笼罩，即使只有我才能看到这片云。

* * *

1964年的一个冬天，即使以中西部的标准来看，这也是一个苦涩的冬天，雷蒙德·卡佛[1]坐在艾奥瓦城一家拥挤的自助洗衣店里洗了好几次衣服。他25岁，已婚，有两个年幼的孩子，身无分文。他从西海岸来到艾奥瓦州参加大学的作家工作坊，但这让他想家又害羞。他成为一名作家的梦想似乎比以往任何时候都更加遥远。

自助洗衣店通常不是一个令人沮丧的地方。它就在卡佛最喜欢的啤酒店的拐角处，有时他会在那里与一对作家夫妇克拉克·布莱斯和巴拉蒂·穆克吉聊天，他们正努力为孩子挣奶粉钱。然而，那天下午，卡佛独自一人，焦虑地看着被人占着的烘干机。当其中一个可用时，他打算用它烘干照看了半个小时的一篮潮湿衣服。他已经错过了两次，一次是因为没抢过别人，另一次是因为他必须去接孩子而惊慌失措。

他终于看到烘干机里翻滚的衣服慢了下来，然后躺着不动。自助洗衣店不成文的规矩是，如果30秒内没有人认领不再翻滚的衣服，他就可以换上他的。但就在半分钟结束时，一个女人走过来，打开烘干机，认为她的衣服不够干，于是给烘干机多喂了一些硬币。

卡佛后来写道，在那一刻，他看到自己的生活"在很大程度上是一件小事，混乱不堪，没有多少的光明"。[1]之前，他一直相

---

[1]"美国20世纪下半叶最重要的小说家"和小说界"简约主义"的大师，是"继海明威之后美国最具影响力的短篇小说作家"。《伦敦时报》在他去世后称他为"美国的契诃夫"。美国文坛上罕见的"艰难时世"的观察者和表达者，并被誉为"新小说"创始者。

信努力和善意总有一天会得到回报。现在，他试着不在忙碌的烘干机前哭出来，他明白这些美德是不够的，他永远不会成为梦想中的作家。生活中的艰难不允许他这样做。

当然，卡佛后来确实成了一名成功的作家，他多年的搬家经历和在锯木厂、仓库和医院的低薪工作使他能够成为一名这样的作家。他作品中的角色和他一样，都被没有回报的工作、酗酒、婚姻破裂和对贫困的恐惧毁掉了。他们在城市边缘的24小时咖啡店当服务员，挨家挨户卖维生素，或者醉醺醺地待在家里，躺在沙发上，听着雨，透过紧闭的窗帘盼望着邮递员的邮件。正如卡佛在那家自助洗衣店所做的那样，他们经常有一些可怕的顿悟，意识到自己永远无法逃离失败的生活。布鲁斯·韦伯写道，"当他们意识到一切都永远都不会发生变化时，卡佛就会把注意力集中在角色的身上，而这让他们永远不会再和以前一样了"。[2]

自助洗衣店的故事出现在卡佛1981年写的一篇文章《火焰》中，当时他被认为是那个时代的重要的美国短篇小说作家。但这篇文章的奇怪之处在于，他没有采用通常的叙事转换，没有回过头来说"但看看我现在，已经是一个著名的作家了"。相反，他回忆起自己有两个很难满足的孩子，却从来没有足够的钱，这对他的创作产生了很不利的影响。他对很多事情避而不谈，比如妻子为保证他有时间写作而去做服务员，他因为喝酒浪费的所有时间，以及他所说的"第二次生命"——始于1977年6月2日，也就是他戒酒的那一天。在《火焰》中，没有之前和之后的概念，没有漫长但值得等待的救赎。即使是现在，作为一名成功的作家，他仍然觉得那些没写出来的东西比他写出来的东西更好,因为那些未付诸笔端的文字需要他抽出更多注意力,但他做不到。

我想,在我们生命中的某个时刻,我们都会像卡佛一样顿悟。佩内洛普·菲茨杰拉德(Penelope Fitzgerald)的小说《书店》中的弗洛伦斯·格林说,"如果你付出了你所拥有的一切,你当然一定会成功"。与她对话的米洛·诺斯(Milo North)回答说:"我不明白为什么。每个人最终都必须付出所拥有的一切。他们必然以死亡告终。死亡不能被称为成功。"[3] 诺斯是一个油腻的投机客,但在这一点上他是对的。像弗洛伦斯一样,我们很多人坚持认为,如果我们足够努力,我们就会得到一些好运——即使在我们被相反的事实深深埋葬很久之后也会这样认为。

在我们的生活中,这一发现可能比卡佛的来得更晚。但随着时间的推移,我们学会接受这样一个事实:我们不能总是重塑自己,每一个失败的时刻都不会带来救赎。我们生活中最大的启示是,我们总是那个被伤害的人。我们没办法就这样振作起来,改变生活。我们中的大多数人,就像卡佛在自助洗衣店里强忍泪水一样,都忙于处理永无止境的生活烦恼。

* * *

这种觉醒会把你变成一个成年人,无论你处于什么年龄。最后,终于明白了:你的生活必将漫长地、无法挽回地,陷入失败。你来到这个世界会被当作一件非同寻常的事情,而这让你相信,正如弗洛伊德所说,你是一个"皇室宝宝"。但在生命的最初几年,现实就开始刺破你的梦想。你必须正视自己未能成为其他人宇宙的中心。人类这种动物,与大多数动物不同,你是早产的,大脑、神经系统和四肢都没有发育成熟,即使是基本功能也需要数年时间才能掌握。所以你依赖别人来满足需求,而由于你的需求是自恋又包罗万象的,它们往往无法得到满足。

儿童精神分析学家 D. W. 温尼科特(D. W. Winnicott)认为,失败是养育子女的一部分。他认为最好的母亲(他对养育子女的看法是有时代特点的)就是"足够好"的。你之所以活着就是因为,当你还是一个无助的婴儿时,一个足够好的母亲会留意进到你嘴里的东西,否则你可能会窒息或挨饿。一个足够好的母亲满足了孩子对食物、爱和安全的基本需求。但她不可能满足他们的每一个需求——因为当这种情况发生时,孩子会认为世界是有魔法的。完美的母亲是海市蜃楼,会被残酷的现实过于粗暴地取代。一个足够好的母亲会引导她的孩子认识这个世界的不足之处。

在一次关于继父母的广播演讲中,温尼科特为"失败的故事"的价值进行辩护。许多母亲觉得她们不够爱自己的孩子,没有意识到"爱是一种可能到来但无法主动开启的东西"。这些母亲经常已经足够优秀了,与其由一个"对她们来说一切都很容易和顺利、知道所有问题的答案、从来不会产生怀疑"的人来做母亲,不如由一个充满人性冲突的人来当母亲。[4]和弗洛伊德一样,温尼科特认为,每个健康的自我都承认失败的必然性。一个真正的成年人是一个悲观的现实主义者,他承认生活是复杂和不公平的，我们的计划经常会被挫败。生活中最大的挑战是无法解决的，只会逐渐消失。

作为一个年轻的成年人，你的野心不受时间或空间的限制。你的生命似乎是无限的——可以在面前无限延伸，比你已经度过的时间要长很久，因为你在地球上的最初几年已经是遥远的、梦一般的记忆了。然后，慢慢地，在你一开始没有注意到的情况下，你的生命开始消减。事实证明，它比你想象的要短，而且总是充满了你忘记考虑的、乏味的维生和疗养。

你曾经认为你的身体，就如你所注意到的，是用来移动的可靠工具。但现在，突然间，你变老了。你注意到，你认为理所当然的身体终究是不可依赖的。你过去对疾病的看法就像对失败的看法一样——也就是说，因为你内心深处隐约地害怕它，所以你一直以来都是忽视它的。健康行业让你相信，如果你注重健康和健身，你就可以掌握自己的命运，衰老的问题可以通过意志力来解决。

诗人兼散文家安妮·博耶（Anne Boyer）在谈到患有乳癌的女性所需要的积极心态时，称之为"一项旨在让每个人都失败的考验"，在此之后"我们都觉得自己失败了，但每个人都认为只有自己失败了"。博耶认为，疾病是我们与"非同一性"的一次无法逃避的约会，是与"漏洞百出的痛苦民主政体，共同前景是可怕的感受"的相遇。[5]

然而，我们用来描述身体衰老的语言将其等同于失败：听力"**损失**"、视力"**下降**"、器官"**衰竭**"。你"**患**"病了，就好像你在通往幸福的正义之路上跌跌撞撞。你要进行体"**检**",然后做"**检查**",然后是得到"**检测结果**"。在诊室里,你似乎又回到了学校,只是这一次需要用不听命令的身体来帮助你通过考试。这些考试我们最终都会失败。疾病是常见、不足为奇的,人人有份。你的身体只是一团碳基物质,在短短几年内被卷起来开始工作,直到它像一辆行驶里程太长的旧车一样,无法启动。

这种失败不应该让人感到羞耻,因为它会降临到我们所有人身上。每个活着的人都容易受其影响和伤害——是尚能走路的伤员。你可能追求成功,相信自己是不朽的;但是,由于你还活着,你就已经失败了。每一个生命,在它的尽头,都是一场失败的实验——但进行实验就是活下去的充分理由,因为每一场实验都是不同的,有自己独特的美丽。成为大人意味着要对生命的实验负责,而不是寻找某位现实或想象中的家长用祝福保驾护航。这意味着能够接受失败是成为人类的用小字写着的条款——一种与活着相伴相生的职业危害。

* * *

正如海德格尔所说,我们生来就在走向死亡。保护自己免受这个令人痛心的事实影响的方法之一是从事"职业"(career)。"职业"一词最初的意思是赛马跑道或赛马场。它的来源是拉丁语 carrus,意思是"轮式车辆",它也是"汽车"一词的词源。从广义上讲,"职业"意味着驰骋,一条快速道路,需要快速而持续的进步。

职业的概念是一个人工作生涯的过程——不断有晋升机会——直到20世纪初才完全发展起来。我们的身份在很大程度上取决于我们所做的有偿工作。任何没有走上职业轨迹的人,现在都有被视为低等公民、不完整的人的危险——这是一种失败。

2010年,加州理工学院的神经生物学家梅拉妮·斯蒂芬(Melanie Stefan)在《自然》杂志的一篇文章中提出了一个想法。斯蒂芬所申请的大多数研究经费她都没有得到——不出所料,因为它们实在太抢手,所以成功率很低。当她得知巴西足球运动员罗纳尔迪尼奥没有进入2010年世界杯大名单时,她对这些失败的感觉好多了。罗纳尔迪尼奥在前两届世界杯上都是巴西队的球星之一。巴西队世界杯的阵容被大张旗鼓地公布出来,因此罗纳尔迪尼奥未能入选是一件很公开的事情。这让斯蒂芬很奇怪,为什么体育界的失败如此明显,而学术界的失败却如此隐蔽。"作为科学家,我们构建了一种成功的叙事,使我们自己和他人都看不到我们的挫折",她写道。[6] 学术生涯似乎是坚实成就的简单积累,没有迹象表明我们在统计学上不可避免的朋友会出现——失败。

斯蒂芬建议学者们制作一份简历,列出所有失败的事情。她提醒道,这将比正常的简历长得多,但这将更真实地反映学者的生活。普林斯顿大学心理学教授约翰内斯·豪斯霍费尔(Johannes Haushofer)因此受到启发,发布了他的"失败简历"。他用类似简历的副标题进行编辑,比如"我落选的学位项目""学术期刊的拒稿"和"我没有获得的奖项和奖学金"。豪斯霍费尔的失败简历迅速走红——他抱怨道,这比他的标准简历上的任何东西都吸引了更多的关注。

一份失败的简历是一种贴心而善意的自负。但它仍然依赖于一种熟悉的民间故事,即认为失败总是可以转化为成功,就像侏儒能从稻草中纺出金子一样。只有享有终身职位的成功学者才会发布失败的简历。他们公开自己的失败,激励签订短期合同的初阶同事们摆脱失望,继续攀登职业巅峰。

* * *

一份真实的简历,一份对人的一生的忠实记录,不仅包括失败,还包括那些从未达到可以被称为失败的阶段的未完成的生活。这将包括我们生活中浪费的时间、错误的开始、漫无目的的担忧和徒劳的呻吟。这将包括我们大量的做白日梦的时间,幻想一个更好的自己——他头脑敏捷、能说会道,而我们性格温顺、结结巴巴。他是思维清晰、品行正直的好莱坞英雄,而我们的动机混乱而分散;他能够实现我们因为忙于做白日梦而无法实现的梦想。

简历将生活视为资格和名望的耐心积累,一行一行地形成一个令人印象深刻的、能力够格的整体。但一份真正的简历会认识到我们的生活是一种缓慢的消逝,是一种关于失去的温和艺术的教育。这份简历上会有空间容纳我们所有衰退的技能和忘记的所有事情,比如在三十年前参加的地理考试中关于轮作的半对半错的解答。

这些天，我被要求在线更新自己的简历，要使用——哦，这是现代工作生活中的烦恼，一个由四个名词组成的词语——"研究信息管理系统"。我的职业成就现在必须被不断更新并公开展示。在过去，学者们可以对已出版的、已签订合同的或只是（赦免一次！）正在写作的作品进行精细、宽容的区分。如今，这个软件每年都会为我们的"研究产出"创建一个无情的折线图，因此它可能会揭示我们是否处在休耕期，并促使我们解决任何导致产出不足的问题。

这份我辛辛苦苦打造的简历，与我最初的雄心壮志相比，显得如此微不足道。这些枯燥的 ISBN 编号、日期和页码真的能够展示我这些年来辛辛苦苦赶截止日期的令人烦恼的工作吗？我的简历让我联想到一种用 12 号 Arial 字体排列整齐的灰色世界里的幽灵般的生活。在"就业史"和"专业服务"等大胆的副标题下，我把生活沉淀下来，切碎成小块，分割成一条条要点，就好像宇宙在记分一样。简历中的留白让我有点尴尬。但在这些空白中，我只是过着自己的生活，处理着司空见惯的危机和悲伤，或者度过乏味的成年时光。

简历是一种营销活动。它把我们看作是一个技能和证书的坚硬容器。它把我们简化成我们所掌握的语言，所能够使用的 IT 软件，以及登山技术和唱水手号子之类的兴趣爱好。它给我们自己加上了形容词——"积极主动、注重细节、以客户为中心"——这是我们做梦也不会在其他地方使用的词。我们把自己塞进模板里，但还不如把海绵塞进烟盒里。就像道林·格雷那张没有岁月痕迹的脸一样，简历展现了一种完美的形象，而不是那个我们对他人和自己隐藏的、混乱的凡人。那么，即使使用这个经过修饰的版本，我们也经常会遇到公式化的空洞拒绝信："谢谢你能够感兴趣……以及做出了大量的申请……很抱歉通知你，在这种情况下……祝你求职好运……"这是多么的令人伤心啊。

* * *

约瑟夫·米克（Joseph Meeker）在《生存喜剧》一书中讨论了人类文化中接受失败的两种方式：悲剧和喜剧。在悲剧中，男主人公处于与某种力量的冲突状态——自然、众神、死亡、自我挫败的欲望——这些力量最终会摧毁他。他试图超越人类的极限，但失败了。观众对他感到敬畏和怜悯，因为他直到最后都在追随着宿命般的热情。悲剧英雄因失败而崇高——就像索福克勒斯（Sophocles）笔下的俄狄浦斯一样，尽管他挖出了自己的眼睛，准备流亡，但他已经学会了忍受对粗心和傲慢的惩罚。

古希腊人喜欢把自己想象成幻灭的梦想家和理想的殉道者，就像我们一样。如果自怜不那么令人愉快，悲剧就不会存在。当一个人哀叹自己的生活是一个失败时，他们说起话来就像自己是个悲剧英雄一样。他们的意思是，他们为自己创造了某种封闭的意义循环，他们走进了圈子里，并误认为这是整个世界，于是失败了。我们对失败的看法，以及我们赋予这个词本身的意义，都是人类的发明。可以说，失败甚至不存在于非人类的世界，它需要我们这种会创造意义的哺乳动物来召唤它的存在。

钦努阿·阿契贝（Chinua Achebe）[1] 的小说《这个世界土崩瓦解了》讲述了19世纪90年代伊博族领袖奥贡喀沃（Okonkwo）在尼日利亚南部的悲剧。他的一生都在证明自己的男子气概，以此来忘记他关于温和、懒惰、负债累累的父亲的记忆。他成为一名摔跤冠军和勇敢的战士，谷仓里堆满了甘薯——因为甘薯与豆类和木薯不同，是一种体面人所种植的作物。但后来奥贡喀沃杀了一个男孩，因为神谕告诉他要这样做，他担心如果不这样做，会在村里人面前丢脸。最后，为了避免被殖民法庭审判的耻辱，他自杀了——这是伊博人教义中的暴行。他的名字从此与可耻的失败联系在一起。

阿契贝的小说，以及所有悲剧，它们所揭示的教训是，我们把自尊系在最可疑的桅杆上。导致自杀的羞耻感可以由收获腐烂的甘薯到网上的口水战中任何事情所引起。悲剧角色认为从他人那里获得或未能获得的尊重是一种神秘的财产。他们认为失败是不可挽回的耻辱。

* * *

对米克来说，喜剧对失败的看法截然不同。它大声嘲笑悲剧的英雄姿态和崇高的理想。它不信任激情的爱恨等悲剧情绪，以

---

[1] 尼日利亚著名小说家、诗人和评论家。

及在悲剧中荣誉导致战争和死亡的浮夸语言。当悲剧要求角色做出致命的选择时，喜剧更喜欢拙劣的妥协，让每个人都能继续活下去。悲剧激发了人类的自豪感，以及对于宇宙毫不在意我们的信仰和渴望的共同想象，喜剧让我们用笑声而非羞耻回应人类的局限性。它告诉我们，我们赤裸的动物身体是荒谬的，但这没关系。喜剧主角既是小丑又是圣人，揭露浮夸和无能，莎士比亚塑造的福斯塔夫称之为"愚蠢的混合黏土，人类"。

喜剧中重要的不是谁赢谁输，而是生活这场游戏本身。喜剧的方式是寻求享受和维持生活，因为它知道生活就是一切。阿里斯托芬（Aristophane）的喜剧《利西翠妲》中，女主人公带领雅典和斯巴达的妇女进行罢工，试图结束伯罗奔尼撒战争。该剧的结局是在雅典卫城为雅典人和斯巴达人举行宴会，丈夫和妻子再次相聚，但这并没有揭示什么大的真相。它只是通过女性的智慧和狡猾，让我们回到一种有不足之处但适合生活的常态。

戈西尼和乌德佐的《阿斯泰利克斯历险记》也有着类似的结尾，在星空下举行宴会。高卢北部这个勇敢的小地方再次抵御了罗马侵略者——这并不是因为阿斯泰里克斯是超级英雄（当地祭司格塔菲克斯的魔药在几分钟内赋予了他无可抗拒的力量），而是因为，就像一个真正的喜剧演员一样，他充分利用了他的狡猾和运气。

喜剧英雄很少成功，但他们总能生存下来。在巴斯特·基顿（Buster Keaton）《船长二世》著名的危险场景中，房屋的整个正面都在气旋中毁落，即将砸在他身上，他巧妙地从一扇开着的阁楼窗户中毫发无损地逃生。漫画英雄能活下来不是靠英雄主义，而是靠在正确的时间站在正确的地方，或者逃跑。在《亨利四世》第一幕中，福斯塔夫声称杀死了霍茨波，而事实上他是装死而不是决斗而死。在《城市之光》中，查理·卓别林在更衣室里对拳击对手眨眼假笑，而当他在拳击场上时，他躲在裁判身后，偷偷地出拳。在《第22条军规》中，美国空军轰炸手约萨里安每次飞行都有一个任务：活着降落下来。他的终极抱负是被确诊为精神病人。他没能做到这一点，是因为有一个著名的"陷阱"：任何想退出战斗的人都不可能是疯子。

喜剧主人公并没有从此过上幸福的生活，而只是继续生活下去。在《热情似火》的结尾，男扮女装的杰拉尔丁（杰克·莱蒙饰）摘下假发，对干爹奥斯古德说，他们不能结婚，因为他其实是个男人。奥斯古德用电影著名的最后一句话和经典的戏剧台词回答道："好吧，没有人是完美的。"

喜剧主人公必须接受被困在不太完美的生活中。查理·布朗（Charlie Brown）永远会把风筝挂在树上，永远会带领棒球队失败，当露西把橄榄球拿走时，他总是踢不到球，总是在邮箱里寻找红头发小女孩送来的、他错过的情人节礼物——并且总是学会承受这些失败，保持希望和温柔。

托尼·汉考克、哈罗德·斯特普托、梅因沃林上尉、巴兹尔·福尔蒂和大卫·布伦特，这些英国经典情景喜剧中的角色都是无可救药的失败者，因男性自尊而陷在不快乐的处境中。《只有傻子和马》中的德·博伊·特罗特也是如此，他开着一辆三轮面包车，车上写着"纽约—巴黎—佩卡姆"，并确信"明年这个时候我们将成为百万富翁"。但后来，特罗特一家在锁着的车库里发现了一块约翰·哈里森[1]手表，真的成为百万富翁，这时你就知道这部情景喜剧已经迷失了方向。喜剧英雄决不能成功。我们嘲笑他们的失败，前提是他们也不会遭遇太悲惨的事情，他们至少可以继续过着令人失望的生活。他们可能贪赃枉法，荒谬可笑，可能会失去尊严，甚至输掉裤子——但他们会忍受一切。

* * *

喜剧嘲弄了我们对伟大的妄想，嘲笑我们为追求权力和地位所使的那些可悲勾当。几乎和制作奖牌一样古老的是与此相对的制作讽刺奖牌的传统。路易十四的敌人命人制作太阳王从战车上跌落或与情妇嬉戏的徽章。1689 年，一位荷兰艺术家创作了一枚奖章，上面画着在教皇给路易十四灌肠时，他把钱吐到一个便壶里。1713 年，德国奖牌制造商克里斯蒂安·韦穆特为《乌得勒支条约》的签署国——英国、法国和荷兰——制作了一枚画着"排便屁股委员会"的奖牌。奖牌的背面显示了一年后这三个国家将对彼此互扔垃圾。

1933 年，漫画家乔治·德·扎亚兹设计了一枚形状像马桶的奖章，以"纪念"美国参议员休伊·朗——这是为了纪念朗醉酒

---

[1] 一位自学有成的英国钟表匠，航海精密计时器发明者，入选BBC"一百位最伟大的英国人"。

后在小便器上尿在另一名男子腿上而受到的殴打。1967年，马塞尔·杜尚设计了一枚名为"水槽塞子"的用银、铜和钢制成的奖牌，这是他为加泰罗尼亚度假屋的淋浴器制作的塞子的铸件，因为他想洗脚。这枚奖章是以他自己身上的排泄器官为原型塑造出来的，以此杜尚展示了自己的喜剧精神。

奖牌可以将我们自己从肮脏和废物中神奇地解救出来，而讽刺奖牌的作用正好相反，它表明我们被困在不可靠的身体里——拉屎、撒尿、呕吐、出汗。它们是对罪责的纪念，提醒我们自己是有缺陷的。他们说，成功是一场短暂的游戏，而失败是我们的自然状态。

在我撰写本书时，美国总统将自己视为悲剧英雄。根据他夸张的吹嘘和侮辱，人们永远只是赢家或输家。成功必须要在一场充满竞争的残酷游戏中获得，并以他人的失败为代价。他用悲伤、愚蠢和失败等令人愤怒的话语攻击他的敌人。他最喜欢的一个词是"失败者"——他用这个词（前面一般会用"麻木不仁的"和"完全"这样的词强调）来形容谢尔、拉塞尔·布兰德、艾伦·休格、教师、恐怖分子、CNN主持人和《赫芬顿邮报》等。

作为回应，总统的对手指出，他根本不是一个悲剧英雄，而是一个哭闹的巨婴。他们嘲笑他美黑的皮肤，出售印有他的脸的卫生纸，同样还有模仿他那不听话的头发的、带有橙色刷毛的马桶刷，或者把他画成尿布里一个像婴儿一样哭泣的、政见保守的老头。人们打断他莎士比亚式坏孩子的咆哮，揭示了他内里伤痕累累的自我和凡人的保护壳。令他非常恼火的是，尽管他明显没有幽默感，但他已经被变成了一个喜剧演员。

***

米克写道，悲剧是西方文明的发明，特别是公元前5世纪的雅典人，以及受他们启发的文化，如伊丽莎白和詹姆士一世统治下的伦敦文化。但喜剧无处不在，甚至在自然界也是如此。它巧妙地从生命的生物性中生长出来。植物和动物在实用性和灵活性方面非常滑稽。进化是一种喜剧，其目的是让生命以各种形式蓬勃生长。能够茁壮成长的生物不是那些最能破坏竞争的生物——这是对达尔文"适者生存"这句话的常见误解——而是那些能够生存的生物。健康的生态系统保持平衡，避免要么全胜要么毁灭的竞争，促进着生物的多样性。在生态系统中，重要的不是个体的成功或失败，而是维持微妙的有机整体。

进化论对理想的解决方案不感兴趣，它只是简单地灭绝了不能适应的生物，并保留下来能够适应的。鳄鱼就看起来和它生活在8000万年前的祖先的化石几乎一模一样。鳄鱼的基因找到了一种变通方法，一种足够好的生存方式，并坚持了下去。在进化过程中，任何不会杀死你的东西都是好的。就像在喜剧中一样，在大自然中的成功意味着找到生存的方法。

有时，生物会蓬勃生长，生机勃勃；有时它们又会削减消耗。落叶树的叶子在秋天落下，这样它就可以从叶子中重新吸收营养并将其储存在根部。看似美丽的死亡都是为了生存。植物以休眠的种子、块茎和球茎的形式度过冬天。动物冬眠，减缓新陈代谢速度，靠储存的种子或脂肪为生。

大自然的天赋是为了生存。但由于我们人类具有永不满足的天赋，我们忘记了这是一种多么伟大的成就。

这是对变老的一种补偿：默认情况下，它会把我们变成喜剧演员。演员诗人迈克尔·汉伯格（Michael Hamburger）曾写道："在中年，一场解放发生了。"本我、自我和超我之后，第四个元素出现了，它"微笑或厚颜无耻地大笑面对他们愚蠢的争吵"。第四个元素是相对主义者而不是绝对主义者，是喜剧而不是悲剧。中年人皈依了生活本质上的荒谬。戴安娜·阿希尔（Diana Athill）将老年描写得很优美，"就像来到一个高原，进入清新的新鲜空气中，远离在我之下蚂蚁般的喧嚣"。[7] 我希望有一天也能有这样的感觉。我将是一个无拘无束的旁观者，对那些仍然被困在我下面的土地上的人只有善意的感情，在那里，成功比生存更重要，失败是一种死亡。如果有人知道如何达到这种高尚的状态，请告诉我该如何做。

* * *

1973 年，美国作家西摩·克里姆（Seymour Krim）发表了一篇悲伤的、尖刻的文章，《为了我事业失败的兄弟姐妹》。克里姆给一位曾经的朋友的著作打了差评，这位朋友气恼地发来电报，称他为失败者，是个"整天哭哭啼啼的人"。当时住在巴黎的克里姆感觉到"美国肮脏的'失败'一词在水上盘旋,击中了我的痛处"。

克里姆几乎不是一个失败者。他为大型报纸和杂志撰稿,出版了几本引人注目的书,获得了古根海姆和富布赖特基金资助,并在哥伦比亚和爱荷华州教授创意写作。但他认为自己不是个男人,以出版商和书商讨厌的笨拙、不卖座的方式兜售自己的才华:指的就是这篇文章。在学校里,他一直是个满脸粉刺的书呆子。他认为写作是一项竞技运动,是对那些认为他不酷的同龄人进行报复的方式。他坦率地写道,在所有的派对上,他都被想把别人迷住的渴望生吞活剥,并嫉妒更成功的作家——一长串名单中包括他在布朗克斯德威特·克林顿高中的三位对手:詹姆斯·鲍德温、帕迪·查耶夫斯基(奥斯卡获奖编剧)和斯坦·李(《蜘蛛侠》《神奇四侠》和《X战警》的创作者)。以他自己的标准,以及他所居住的竞争激烈的纽约的标准来看,他已经失败了。

当他写下《为了我事业失败的兄弟姐妹》时,克里姆已经51岁了。他数年里在精神病院进进出出,但没能完成他的长篇小说。这篇文章是他发表的最后一篇重要文章。在接下来的十年里,他花了大部分时间写了一首密集的、长达千页、没有段落、未发表的散文诗,讲述了美国人的生活,名为《混乱》。1989年,他因心脏病致残,在纽约东十街的一间没有热水的一居室公寓里过量服用了巴比妥类药物。

尽管它的创作背景如此凄凉,但《为了我事业失败的兄弟姐妹》并不凄凉。如果说克里姆写作早期作品的动力是成名的渴望,那么他在这里的语气则更为从容。这篇文章是对其他失败者的坚忍亲切的留言，充满了自怜，但也有自我觉醒。他不再像往常一样只写自己和取得很高成就的一群曼哈顿人，而是接触其他失败的人，那些"总是生活在希望的边缘"的人。

克里姆向他的失败的兄弟姐妹解释说，我们的秘密是，我们坚持对更好的自己抱有崇高愿景，即使"在不再幻想的中年，我们摸索着乏味的生活"。他说，即使随着年龄的增长，失败的感觉会更糟，但尝试过失败却是一件很好的、不丢人的事情——那些曾经看到你"披着幻想的外衣"的人现在只看到"灰蒙蒙的一天，光秃秃的木桌上有一张没整理的床和几个没洗的杯子"。[8]

一个人怎么会不被那个令人难忘、心胸开阔的头衔所折服呢？"事业失败的兄弟姐妹"是恰到好处的。我们不能像选择朋友那样选择兄弟姐妹。但我们与他们有着共同的经历和默契，这些我们即使与最亲密的朋友也没有。兄弟姐妹对彼此的了解比其他人都要多。我们甚至不需要喜欢对方就可以拥有这种毫不掩饰的亲密关系。无论我们喜不喜欢，我们都是失败中的兄弟姐妹。

* * *

生而为人就意味着失败。意味着我们投身于明知即将崩坏或不了了之的事情。意味我们要充分利用仅有一次的有限生命，仅此一具的肉体凡胎，即使这看起来非常愚蠢，好似一场没有胜算且时间紧张的赌博。

在哲学家玛莎·努斯鲍姆（Martha Nussbaum）《超越人性》一文中，她想知道为什么希腊神话中的神会爱上我们凡人。为什么美丽动人、青春永驻的女神卡吕普索如此迷恋凡人奥德修斯？她为什么不更喜欢和她一样永生不死、完美无瑕的其他神呢？努斯鲍姆认为，与其他神一样，卡吕普索被人类身上闪耀的生命力和光彩所吸引——我们热情，富于巧思，即使生命短暂，注定死去，也依然执着地追求幸福。奥林匹斯山上的群神，虽然将我们像棋子一样随意摆布，但却对我们情有独钟，因为我们不像他们一样养尊处优、冷酷无情、无比腻烦——因为与他们不同，我们会失败。[9]

在《荷马史诗》中，每一颗渺小的凡人之心都维系着一团充满恐惧和希望的小小灵魂，而灵魂之光会随着我们的死亡倏然熄灭。但是对于希腊人来说，生命的珍贵正是在于它如此的飘摇，如此依赖于一躯脆弱的肉体。所以，奥德修斯选择与佩内洛普共度短暂的一世，而不是与卡吕普索同赴永生。对人类而言，神的生活死气沉沉，甚至不可想象。只有体验失败和失去，生命才富有意义。当我们深切关心注定要死去的某人或者注定要失去的某物，当我们知道生命短暂，拼尽全力也将归于泡影，却依然热爱这个世界和世上的一切——这时，我们的人性最为闪耀。

必死的命运使人类的生活充满混乱、痛苦和失败，但是这也使每条生命都弥足珍贵。《塔木德》问：为什么上帝只创造一个亚当？上帝说，首先他让人们拥有同一个祖先，以避免互相抱有优越感；其次，他想告诉他们，任何人都是一个完整的世界。上帝说"所有人都继承了亚当的死亡,但每个人都彼此不同"。我们所有人都同样重要,因为没有了我们任何一个人,世界都将是不完整的。《塔木德》说,杀死一个人所感到的内疚就如同杀死了世界上的所有人一样;挽救一条生命,也正像挽救了所有生命一样了不起。

与宇宙的渺远和不朽,甚至人类漫长的历史相比,一个人的一生几乎什么也不算。但大多数人却并不这样看待我们生命的意义。当我们所爱之人永远离开时,我们也不会觉得他们无足轻重——因为他们留下了一个与他们形状完全相同的人形空洞,任何人或任何事物都无法填补。

当我们说,某人也"只是个人而已"时,我们不是在挑剔他们的错误。相反,我们实际上是说,人因为其与生俱来的混沌无章、爱犯错误,而优于完美精密但没有灵魂的机器。人类独有的失败恰恰赋予我们不可估量的价值。意第绪语中有一个词语 Mensch,源于德语中的"人",指代具有诚实、可敬、慷慨和善良的美好品格,努力过上美好生活的人。但从字面上看,它的意思是"人类"。对于犹太人来说,这是最高形式的赞美。

将任何人简单地归为失败或成功,就是模糊了生命的无限颗粒度和无尽的复杂性。每个人都是其他人所无法比拟的。别人的成功不会使你更加失败,因为他们永远不会妨碍或者毁灭我们。每个人都沿着自己的轨道走向自己的终点。人不可能与自身以外的任何事物进行比较,也不可能被除了自己以外的其他标准所衡量。人根本不可能真正地成功或失败,人只是活着。

* * *

1519年5月2日，一位失败的艺术家在克罗鲁斯城堡奄奄一息，这是他的朋友——国王弗朗西斯一世在卢瓦尔河谷的皇家住所安布瓦兹城堡旁边的庄园。据他的传记作者乔治·瓦萨里（Giorgio Vasari）的记述，在他弥留之际，他向国王忏悔，"他没有像他应该做的那样努力，冒犯了上帝和人类"。

在他的工作室里，许多未完成的画作中有一幅是属于莉萨·盖拉尔迪尼（Lisa Gherardin）的，她是佛罗伦萨一位丝绸商人的妻子。他于1503年开始创作，当时主题是一位24岁的年轻女性。现在她快40岁了，他既没有交付这幅画，也没有得到报酬。相反，他随身带着这幅画，从佛罗伦萨到米兰，再到罗马，再到法国，加了几笔颜料和几层釉。

他连续不断地浅尝辄止，因为错过交稿期限而享有盛名。当教皇利奥十世看到他在开始绘画之前为一幅画涂清漆时，他说："唉，这个人永远不会做任何事情，因为他在开始之前就在想结尾了。"由于无法完成任务，他失去了许多佣金。在他的笔记本上，满是数百个被搁置或放弃的计划，他一遍又一遍地乱写："告诉我有没有曾经做完的事。"

也许，在他弥留之际，他发现自己因为这些失败的项目而悲伤。但是这么多项目该哀悼哪个呢？十七年来，他为制作统治米兰的军官——弗朗切斯科·斯福尔扎骑着一匹马的铜像模型，浪费了无数的日子,他会为此感到悲伤吗?当法国人征服米兰,射箭手用他的黏土模型进行打靶练习时,所有他用在研究马的解剖结构上的时间瞬间变得毫无用处。

或者他是在为自己最大的一项任务而哭泣,在米兰修道院餐厅墙上的基督最后晚餐的壁画?绘制壁画通常需要将涂料涂抹在潮湿的灰泥上。相反,他试验用水性和油性颜料混合物将其粘在干石膏上,这样他就可以继续进行修饰。现在,当他奄奄一息时,他毫无疑问地知道实验失败了。仅仅二十年后,油漆就开始剥落了。再过几十年,整幅壁画都将斑斑点点。

还是他为自己在佛罗伦萨和米兰球场上浪费的时间而哀叹?由蜡制成的空心鸟,被空气吹起时会飞起来。充满整个房间的充气膀胱。一种形状像狮子的自动装置,它的胸部能喷出百合花。那些因为这些发明而惊讶得喘不过气的人们很快就忘记了它们,就像人们很快忘记了他用高音里拉琴——也就是他像蓝调歌手一样即兴创作用的一把臃肿的小提琴——所弹奏出的甜美声音一样。正如他在笔记本上抱怨的那样,音乐是一种短暂的、无法记录的美。(在这些笔记中,他没有想出留声机的原型。)"我们并不缺乏测量这些悲惨日子的设备,"他写道,"我们应该很高兴这些日子不会被浪费掉,至少在别人的脑海中留下了关于自己的一些记忆。"

为什么随着力量的削弱,他没有至少完成那幅佛罗伦萨商人妻子的可怜画作呢?在与尸体共度良宵之后,他实在太累了。他原本打算发表他在人体解剖学方面的发现,但没能抽出时间——

可能是因为他也忙于解决欧几里得提出的与直角三角形有关的问题。他的笔记本的最后一行解释了他为什么要放弃这件事。上面写着:"**我未来再做,因为汤要冷掉了。**"

* * *

我不会侮辱你,你知道这个人是谁。你甚至可能听说过他的失败,现在他已经成为"失败是福"运动的典型代表,而这些失败被视为他攀登人类成就的奥林匹亚顶峰的关键。

但这是残酷的乐观主义,虚假的慰藉。这意味着我们所有其他失败的人都要做的就是更像他。事实上,他罕见的成功几乎贯穿了坚实可靠的失败的一生。它们只是一个让人基本上彻底失望的故事中的短暂插曲。他既没有从失败中吸取教训,也不想学习。对于这一系列的问题,他的天赋并不是令人欢欣鼓舞的答案。它们是天才的一部分——这个词的最初意义指的是一个人一生中所携带的独特精神。

在他去世后的几天和几个月里,没有人哀悼那些失败的计划和未完成的杰作。他们为这个人哀悼。因为他似乎是一个严厉得令人愤怒但又可爱至极的朋友,比他的劲敌、不知疲倦的社交达人和简历条目积累者米开朗基罗更可爱。他的学生弗朗切斯科·梅尔齐见证了他生命的最后几个小时,并在不久后写道:"在我的尸体被埋葬的那一天之前,我将永远地经历悲伤。他的去世对每个人来说都是一件悲痛的事,因为大自然无法再创造出另一个这样的人。"

不,他的生命没有告诉我们失败有任何令人激动或者净化心灵的价值。但也许它教会了我们其他的东西:失败是人的本性。我们是模棱两可、浪费时间、自欺欺人、自我破坏的动物。如果这个世界不把我们摧毁,我们会欣然接受自己把事情搞砸。就像一个足球运动员在看起来更容易进球的时候可能会错过空门一样,当我们不那么想成功的时候,我们也可以失败。我们有不止一个自我,而且这些不同的自我可能会让彼此的处境变得艰难。我们失败是因为我们在针对自己。

那么,还有什么比一位天赋异禀的艺术家试图设计出不可能的东西,而他却不断放弃,转而制定更不可能的方案更能体现人类本性的呢?对于我们这些拖延症患者来说,他的笔记本上令人放心地列满从未完成的待办事项:问问贝内代托·普洛蒂纳里佛兰德斯人如何冰上行走;给猪肺充气,观察它们的宽度和长度是否增加,或者只是宽度增加;描述啄木鸟的舌头。他在一本笔记本上写满了他试图解决"化圆成方"这一古老数学难题的尝试——这是仅靠圆规和尺子无法完成的,而这正是他所仅有的。他浪费了数千个小时试图设计一种自行式人类飞行机器,解析、组合所有可能克服人类胸部弱点的部件——活塞、踏板、齿轮、滑轮。如果他知道没有人能仅靠拍打翅膀就能飞行就好了,尽管这个梦想和伊卡洛斯(Icarus)一样古老。

他的其他计划不仅仅是理论上的失败,而是已经实现的灾难。1504年,他与朋友尼可罗·马基亚维利策划将阿诺河改道,以切断比萨与大海的联系，并能让米兰在不流血的情况下重新占领这座城市。导流沟的墙最终倒塌，淹没了附近的农场。农民们的反应没有记录在案，但可以肯定地说，他们并没有称赞莱昂纳多·达·芬奇是天才。

***

莱昂纳多的一生，就像他的画一样，都是人类双手的杰作。一幅画，就像一种生活，不可能是完全有计划的。你可以画一些初步的草图，在推进的过程中修饰错误，在极端情况下，在整个画布上把画覆盖掉，然后重新开始。但它必须在那个时刻被完成，用笔触上的人类能量。艺术专家发现赝品的一种方式是赝品看起来太受控制了，太无可挑剔。真正的作品总是纹理交错、编织精细、充满缺陷，就像创作它的人一样。正如未完成作品的莱昂纳多所知，每一幅伟大的画作都在失败的边缘摇摇欲坠。一点多余的油漆可能会使它变得丰富或变质——这就是《蒙娜丽莎》只有在其制作者的生命结束时才真正完成的原因。

你离一幅画越近，它看起来就越像人手的作品。你可以看到散落的颜料滴，三维的厚涂斑点，甚至艺术家指纹的环纹和螺纹。当你看到扬·弗美尔（Jan Vermeer）的《挤奶女工》的复制品时，它的构图似乎纯粹得不可思议——就像是神一般的、对真实世界的摹本一样，就像是全能的神用蒙板相机摹画的。但看看阿姆斯特丹国立博物馆的真迹，一切都不一样。你可以看到，维米尔将油漆涂得像雕塑一般且不均匀,模仿窗户的光线是如何照射在粗糙的墙膏、代尔夫特瓷砖、粗糙纹理的面包皮上,以及将牛奶小心地倒入碗中的女人所戴的白色亚麻帽和围着的蓝色围裙的褶皱上的。最完美的画,近距离看,是人性化的。

史前洞穴艺术中的大多数手都是左手——因为这些史前艺术家大多是右利手,所以他们用灵巧的右手拿着装满赭石染料的喷雾管,画着较弱的一只。伟大的艺术不是由半神创造的,而是由在人类能力限度内工作的人类创造的。"人性这根曲木,"康德写道,"决然造不出任何笔直的东西。"

艺术不在于完美。"艺术没有高下之分,就像做爱也没有一样,"曼·雷(Man Ray)写道,"只是有不同的方法可以完成而已。"任何艺术作品都只是在这场复杂的人类对话中添加一点,而这一切始于数万年前智人在深深的洞穴墙上喷染料。艺术总是失败的;其中一些只是失败得如此巧妙,以至于相比之下,任何被期盼的成功都显得微不足道。

在人类生活中,就像在绘画中一样,只有可能失败的东西才能真正美丽。在日本,他们为这个概念取了一个名字——"佗寂"[1]。佗寂美学承认,没有什么是完美、完整或持久的。它认为,美丽与完美的对称或黄金分割无关。不均匀、缺陷和腐朽赋予物体和人真正的美的深度和强度。

在日本修复破损陶器的艺术"金缮"中,艺术家并不会掩饰

---

[1] Wabisabi,一个审美概念,描绘的是残缺之美,残缺包括不完善的、不圆满的、不恒久的。

破损，而是将其作为物体的一部分。他们用涂有金色粉末的油漆，尽可能明显地将碎片重新组装在一起。每一个修复过的物体都是独一无二的，因为每个罐子的破碎都有随机性，以及由此产生的黄金痕迹的不对称性。（"金缮"的意思是"金色细木工"。）我们在事物和人看起来有点摇晃和风化的时候，尤其喜欢他们。他们的可爱给人的感觉是未经修饰的、似有锈迹的，源于脆弱和不可靠性。

* * *

每当我感觉自己最为失败的时候，我都会努力记住这一点。我的生活就像一幅画出了问题。我试图通过在边缘不停地进行调整和修补来修复它，直到我觉得整个事情都是错误的，需要从头开始。现在画布已经显得陈旧。油漆开始开裂、剥落和褪色，并展现出一层污垢和灰尘。

这幅画是我的生命，永远不会完成，就像我永远不会觉得自己是个成年人一样。但它仍然是——从某种意义上说每一个生命都是——一件艺术品。这样的东西不应该作为完美的杰作而存在。这件作品不会打扰伟大的拍卖行，也不会挂在卢浮宫或国立博物馆。这只是我在混乱的生活中即兴创作的东西，只有我自己才能用"人性的曲木"制作出来。我想我会继续做下去。

7. 失败的共和国

为什么失败的感觉像回家?

"没有人会因为你的失败而停止爱你。"

理查德·威尔伯（Richard Wilbur）在诗歌《羞耻》中将"羞耻"这种最令人不快的情绪想象成一个拥挤的小国。羞耻国除了要避免冒犯任何人之外，没有任何外交政策。没有一个游客能够破译它的语言，因为每个公民的话语都会胆怯地消失。国内主要的产品是绵羊。人口普查记录的人口为零：没有人声张他们的存在，因为没有人认为他们有多重要。羞耻国的每一位居民都偷偷地希望这个国家会被一群喝醉、裸体、大笑着、愚蠢并快乐的人们占领，这些人会让他们摆脱耻辱。

如果失败也是一个国家，它会是什么样子？当我在脑海中想象它时，我觉得它就像是病弱的东欧小国。在这里，在失败民主共和国，每个公民都穿着同样的粗厚夹克、同样的不合身的酸洗牛仔裤、同样的笨重鞋子并梳廉价的发型。人们住在豆腐渣塔楼和破旧的公寓里，厕所里经常没有热水。商店里的货架几乎是空的，来买基本物资的人们排起了长队。失败飘浮在空中，它的气味是由褐煤的副产品、廉价香烟和破旧道路上的灰尘混合而成的——悲伤、无精打采和不言而喻的羞耻感的味道。

失败共和国的生活并非令人难以忍受，但它的方方面面都让人们认为其他地方还会有更好的生活。每个人都羡慕地看着成功之州——那里有时尚的精品店、琳琅满目的饭店，还有配置着微波炉、洗碗机和彩电的房子。但后来隔离之墙终于倒塌，他们得到了这些东西。他们的生活不会突然充满温暖、光明和意义。相反他们开始感到一种模糊但明确无误的"故国情节"（ostalgie），这个词是他们发明的，用来形容对原来的国家的思念。

失败曾经在公民看来就像落后的国家——总是试图追赶闪亮、现代的成功之邻，但陷于失败。现在，他们发现失败并不是成功的兄弟，而是一种完全不同的状态。他们意识到，他们之前的生活，虽然贫困又充满限制，至少是一种共同的生活——每个人都喝着同一品牌的廉价白葡萄酒，用着同样粗糙的卫生纸，开着同样装有二冲程割草发动机的黄色汽车。透过故国情节的柔和滤镜，这些东西现在代表了共同性。尽管如此，失败却是一个共和国：每个人都一起失败了。

如果失败是一个国度，那么它就是这样的一个地方——我们对来自这里感到有点羞愧，但这给我们关于自我的启迪。用厄休拉·勒古恩（Ursula K. Le Guin）[1]的话来说，失败是"理性的成功文化所否认的地方，被称为流亡地，不宜居住，是异土"。我们需要进入那个黑暗的地方，才能过上充实而丰饶的生活。

失败告诫我们，我们是脆弱的、不稳定的，终将死亡。在这里，我们与其他软弱和心智不定的凡人相遇并共进晚餐。勒古恩写道，这提醒我们，我们的根"不在使人失明的光明中，而在滋养我们的黑暗中，人类在这里长出灵魂"。[1] 失败不是中转站。这是它自己的国度，我们都必须学会在那里生活。

无论我们的护照上写着什么，我们都是失败共和国的公民。我们可以随时返回那里，边防人员永远不会用火把照我们的脸，搜查身体，也不会问我们到来的目的。不需要任何证件，不需要

---

[1] 美国重要科幻、奇幻与女性主义和青少年文学作家。

参加公民身份测试,也不需要宣誓。那些自鸣得意的成功人士可能会离开很多年,我们可能会羡慕他们在远方迷人的生活——但很快他们就会出现在边境,要求入境,然后被挥手示意通过。因为事实证明,在虚张声势的背后,他们和我们一样。警卫会说,欢迎来到失败之国,在这里,每个人都可以失败,没有人需要从经验中学习,也没有人需要将其转化为成功的处方。

换句话说,失败就是家。家可能会让人感觉太熟悉了,甚至有时会让人感到幽闭恐惧。待在家里或回家意味着保持不动,在我们追求变化的文化中,这看起来像是失败。家会让你想起太多关于自己的事情。你可能一辈子都渴望逃离它,这没有问题。但你迟早要住在那里,就像你必须自己生活一样。然后,当你真正感到宾至如归时,你可以不停地失败——**没有人会因为你的失败而停止爱你。**

尾 注

为了不让尾注堵塞这本小书,我只标注了我认为读者很难找到的引文。我更喜欢在文本中适当的位置给出一个线索,告诉读者可以在哪里找到它(比如通过给来自信件和日记的引文标注日期)。我发现,每一个索引系统都是失败的,介于令人窒息的完美主义和混乱之间。我保证下次会失败得更好。

除了下面提到的引用来源外,第 2 章引用的纳塔利娅·金茨堡的散文《幻想生活》《懒惰》《我的精神分析》与《路痴》来自电子书《生活之地》[1]。在金茨堡自己的作品中找不到关于她的传记信息,其主要来源于一本记录了电台对她的采访的书[2]。

---

[1] *A Place to Live*: *Selected Essays of Natalia Ginzburg*, ed. and trans. Lynne Sharon Schwartz (New York: Seven Stories Press, 2003).
[2] *It's Hard to Talk about Yourself*, eds. Cesare Garboli and Liza Ginzburg (Chicago: University of Chicago Press, 2003).

第 3 章中关于中国科举制度的部分借鉴了宫崎[1]与艾尔曼[2]的作品。吴敬梓的《儒林外史》引用自格拉迪斯·杨（Gladys Yang）的译本，该译本于 2016 年由奥林匹亚出版社以电子书形式出版。除来自宫崎作品第 57—58 页的《七似秀才》之外，蒲松龄的语录来自《聊斋志异》电子书[3]。

第 4 章对约翰·克鲁伊夫和荷兰足球的讨论部分依赖于大卫·温纳的作品[4]。我自己完成了品达（Pindar）诗句的翻译。

2017 年 8 月 6 日，我在英国广播公司第四台的《观点》节目中听到亚当·戈普尼克（Adam Gopnik）讲述了自己在音乐剧巡演中的经历，之后我受到启发，写下了关于音乐剧失败的文章（也就是第 5 章），参见他的文章《论音乐剧》[5]。除了尾注标明的参考资料，第 5 章莱昂内尔·巴特和《鼻音!!》的故事还借鉴了另外两本著作[6]。我还引用了斯蒂芬·福瑟吉尔（Stephen

---

[1] Ichisada Miyazaki, *China's Examination Hell: The Civil Service Examinations of Imperial China* (New Haven, CT: Yale University Press, 1981).

[2] Benjamin A. Elman, *A Cultural History of Civil Examinations in Late Imperial China* (Berkeley, CA: University of California Press, 2000); Benjamin A. Elman, *Civil Examinations and Meritocracy in Late Imperial China* (Cambridge, MA: Harvard University Press, 2013).

[3] *Strange Tales from a Chinese Studio*, trans. and ed. John Minford (London: Penguin, 2006).

[4] *Brilliant Orange: the Neurotic Genius of Dutch Football* (London: Bloomsbury, 2nd ed., 2010).

[5] Adam Copnik, "On Musical Theatre", *In Mid-Air: Points of View from Over a Decade* (London: Riverrun, 2018).

[6] David Roper, *Bart! The Unauthorized Life & Times, Ins and Outs, Ups and Downs of Lionel Bart* (London: Pavilion, 1994); Peter Rankin, *Joan Littlewood: Dreams and Realities: The Official Biography* (London: Oberon Books, 2014).

Fothergill）作品[1]中关于保罗·波茨的章节。关于乔·古尔德的故事，我引用了孔克尔和莱波雷的作品[2]。

第6章对喜剧的讨论借鉴了米克和贝维斯的作品[3]。关于嘲讽奖牌的信息主要来自阿特伍德和鲍威尔的作品[4]。关于莱昂纳多·达·芬奇的部分引用了艾萨克森的著作[5]。

第1章　趁早绝望，永不回望

1. Adam Phillips, *Missing Out: In Praise of the Unlived Life* (London: Penguin, 2013), p. xii.

2. James Knowlson, *Damned to Fame: The Life of Samuel Beckett* (London: Bloomsbury, 1996), p. 142.

3. "Aidan Higgins on Beckett in the 1950s", in James Knowlson and Elizabeth Knowlson, *Beckett Remembering, Remembering Beckett: Uncollected Interviews with Samuel Beckett and Memories of Those Who Knew Him* (London: Bloomsbury, 2006), p. 139.

---

[1] Stephen Fothergill, *The Last Lamplighter: A Soho Education* (London: London Magazine Editions, 2000).
[2] Thomas Kunkel, *Man in Profile: Joseph Mitchell of the New Yorker* (New York: Random House, 2015); Jill Lepore, *Joe Gould's Teeth* (New York: Vintage, 2017).
[3] Joseph W. Meeker, *The Comedy of Survival: Studies in Literary Ecology* (New York: Scribner's, 1974); Matthew Bevis, *Comedy: A Very Short Introduction* (Oxford: Oxford University Press, 2013).
[4] Philip Attwood and Felicity Powell, *Medals of Dishonour* (London: British Museum Press, 2009).
[5] Walter Isaacson, *Leonardo da Vinci: The Biography* (New York: Simon & Schuster, 2017).

4. Christopher Devenney, "What Remains?", in *Samuel Beckett's Waiting for Godot: New Edition*, ed. Harold Bloom (New York: Infobase, 2008), p. 118; Knowlson, Damned to Fame, p. 420.

5. Samuel Beckett, *Worstward Ho* (London: John Calder, 1983), p. 13.

6. Philip Howard, "Their great expectations", *The Times*, December 31, 1983.

第 2 章 不够，不够

1. Sally Rooney, "Even if you beat me", *The Dublin Review* 58 (Spring 2015), p. 17.

2. Marianne Weber, *Max Weber: A Biography*, trans. and ed. Harry Zohn (New York: John Wiley and Sons, 1975), pp. 242-243, 264.

3. Scott A. Sandage, *Born Losers: A History of Failure in America* (Cambridge, MA: Harvard University Press, 2005), pp. 11, 131-133, 259, 254.

4. Zenn Kaufman, *How To Run Better Sales Contests* (New York: Harper, 2nd ed. 1948), p. 128.

5. Arthur Miller, *Timebends: A Life* (New York: Harper & Row, 1988), p. 184.

6. Scott A. Sandage, *Born Losers: A History of Failure in America*, p. 5.

7. Annie Ernaux, *The Years*, trans. Alison L. Strayer (London: Fitzcarraldo Editions, 2017), ebook.

8. Natalia Ginzburg, *Never Must You Ask Me*, trans. Isabel Quigly (London: Michael Joseph, 1973), pp. 164, 62, 105.

9. William Weaver, "War in a classical voice", *New York Times Book Review*, 5 May 1985。其被不具名的意大利批评家引用于: Mary Gordon, "Surviving history", *New York Times Book Review*, 25 March 1990。

10. Natalia Ginzburg, *Family Lexicon*, trans. Jenny McPhee (London: Daunt Books, 2018), ebook.

11. Ginzburg, *Never Must You Ask Me*, pp. 42-43.

12. Ian Thomson, "Family and friends: A conversation in Rome with Natalia Ginzburg", *London Magazine*, 1 August 1985, 61.

13. P. R. Clance and S. A. Imes, "The imposter phenomenon in high achieving women: Dynamics and therapeutic intervention", *Psychotherapy: Theory, Research & Practice* 15, 3 (Fall 1978), pp. 241-247.

14. Michelle Obama, *Becoming* (London: Viking, 2018), p. 56.

15. Ginzburg, *Never Must You Ask Me*, p. 105.

16. Natalia Ginzburg, *The Little Virtues*, trans. Dick Davis (London: Daunt Books, 2018), pp. 153, 167.

17. Ginzburg, *The Little Virtues*, pp. 105, 107-108.

第3章 梦见考试

1. Sigmund Freud, *The Interpretation of Dreams* (Pelican Freud Library Volume 4), trans. James Strachey, ed. Angela Richards (Harmondsworth: Penguin, 1976), pp. 377-378.

2. Michael Young, *The Rise of the Meritocracy 1870-2033: An Essay on Education and Equality* (Harmondsworth: Penguin, 1961), p. 41.

3. R. H. Tawney, *Equality* (London: Unwin Books, 1964), p. 106.

4. Michael Young, *Rise of the Meritocracy*, p. 103.

5. Michael Young, *Rise of the Meritocracy*, p. 59.

6. Alan Bennett, "The history boys", in *Untold Stories* (London: Faber and Faber/Profile, 2005), pp. 394, 396.

7. Alan Barr, "Pu Songling and the Qing examination system", *Late Imperial China* 7, 1 (June 1986), pp. 102-103.

8. Alan Barr, "Pu Songling", p. 90.

9. R. H. Tawney, *Equality*, p. 105.

第4章 生活是地狱，但至少还有奖励

1. Mark Doty, *Firebird: A Memoir* (London: Vintage, 2001), p. 2.

2. Janet Frame, "Prizes", in *The Daylight and the Dust: Selected Short Stories* (London: Virago, 2010), pp. 115, 122.

3. Virginia Woolf, *Three Guineas* (London: Hogarth Press,

1991), p. 108.

4. Uirginia Woolf, *Three Guineas*, p. 100.

5. Cynthia Haven, *Evolution of Desire: A Life of René Girard* (East Lansing, MI: Michigan State University Press, 2018), p. 91.

6. See René Girard, *Deceit, Desire, and the Novel: Self and Other in Literary Structure* (Baltimore, MD: Johns Hopkins University Press, 1966).

7. Donald Hall, "A Yeti in the district", in *Essays After Eighty* (Boston: Mariner Books, 2015), p. 26.

8. Cynthia Haven, *Evolution of Desire: A Life of René Girard*, p. 89.

9. Judith Halberstam, *The Queer Art of Failure* (Durham, NC: Duke University Press, 2011), p. 93.

10. Edward de Bono, *Lateral Thinking: Creativity Step by Step* (New York: Harper Perennial, 1990), pp. 183–185.

11. Eduardo Galeano, *Football in Sun and Shadow*, trans. Mark Fried (London: Penguin, 2018), ebook.

12. Eduardo Galeano, *Football in Sun and Shadow*.

13. Kevin Keegan, *My Life in Football: The Autobiography* (London: Pan, 2019), p. 99.

14. Roger Kahn, *The Boys of Summer* (London: Aurum Press, 2013), pp. 89, 92, xx, xii.

15. Virginia Woolf, "Am I a snob?", *Moments of Being: Unpub-

lished Autobiographical Writings（London：Hogarth Press，1978），p. 185.

第 5 章　我们都不是普鲁斯特

1. Len Deighton, *Len Deighton's London Dossier*（London：Jonathan Cape，1967），p. 203.

2. David Wright, "Instead of a Poet," *Poetry Quarterly*，Winter 1950-1，pp. 247-248；Paul Potts, *Instead of a Sonnet（The 1944 Edition with Ten New Poems）*（London：Tuba Press，1978），p. 4.

3. Laurie Lee, "Chelsea bun", *Village Christmas：And Other Notes on the English Year*（London：Penguin，2015），ebook.

4. Dustjacket copy of Paul Potts, *Invitation to a Sacrament*（London：Martin Brian & O'Keeffe，1973）；Stephen Spender, "The problem of sincerity", *The Listener*，26 May 1960，p. 945；Alan Ross, "Not taking it easy", *Times Literary Supplement*，27 May 1960，p. 341.

5. Paul Potts, "As I went walking down the Charing Cross Road", *Listener*，26 April 1962，p. 731，735.

6. Marc Napolitano, *Oliver! A Dickensian Musical*（Oxford：Oxford University Press，2014），p. 105.

7. Jean Baudrillard, *Cool Memories*，trans. Chris Turner（London：Verso，1990），pp. 222-223.

8. John Osborne, *Almost a Gentleman：An Autobiography* Vol Ⅱ：

1955-1966 (London: Faber and Faber, 1991), p. 128; Noël Coward, *The Noël Coward Diaries*, eds. Graham Payn and Sheridan Morley (London: Phoenix Press, 2000), p. 409.

9. John Osborne, *Almost a Gentleman: An Autobiography* Vol Ⅱ: 1955-1956, pp. 126-127.

10. Paul Potts, *Dante Called You Beatrice* (London: Eyre & Spottiswoode, 1960), pp. 105, 154, 34, 57, 17, 35.

11. Adrian Wright, *Must Close Saturday: The Decline and Fall of the British Musical Flop* (Woodbridge: The Boydell Press, 2017), p. 48.

12. Adrian Wright, *A Tanner's Worth of Tune: Rediscovering the Post-war British Musical* (Woodbridge: The Boydell Press, 2010), p. 248; "A pretty but not a merry show", *The Times*, 21 December 1965.

13. David and Caroline Stafford, *Fings Ain't Wot They Used to Be: The Lionel Bart Story* (London: Omnibus Press, 2011), p. 191.

14. Ken Mandelbaum, *Not Since Carrie: Forty Years of Broadway Musical Flops* (New York: St. Martin's Press, 1992), p. 341.

15. Ken Mandelbaum, *Not Since Carrie: Forty Years of Broadway Musical Flops*, p. 146.

16. R. Dawkins and T. R. Carlisle, "Parental investment, mate desertion and a fallacy", *Nature* 262, 8 July 1976, pp. 131-133; Richard Dawkins and H. Jane Brockmann, "Do digger wasps commit the concorde fallacy?", *Animal Behaviour* 28, March 1980, pp. 892-

896.

17. John Osborne, *Almost a Gentleman*, p. 118.

18. Paul Potts, *Dante Called You Beatrice*, p. 104.

19. Paul Potts, *Invitation to a Sacrament*, p. 66.

20. Jeffrey Bernard, "Anticipatory", *Spectator*, 14 October 1978, p. 28.

21. Jeffrey Bernard, "In all sincerity", *Spectator*, 11 December 1982, p. 34.

22. Joseph Mitchell, "Joe Gould's secret", *Up in the Old Hotel and Other Stories* (New York: Vintage Books, 1993), p. 693.

23. Paul Potts, *Dante Called You Beatrice*, p. 105.

24. Paul Potts, *Dante Called You Beatrice*, p. 105.

25. Rebecca Solnit, *Hope in the Dark: Untold Histories, Wild Possibilities* (Edinburgh: Canongate, 2016), pp. 65-66.

第6章 人性的曲木

1. Raymond Carver, "Fires", in *Fires: Essays, Poems, Stories* (New York: Vintage, 1989), p. 33.

2. Bruce Weber, "Raymond Carver: A chronicler of blue-collar despair", *New York Times*, 24 June 1984.

3. Penelope Fitzgerald, *The Bookshop* (Boston: Mariner, 1997), p. 107.

4. D. W. Winnicott, "For stepparents", in *The Collected Works of*

D. W. Winnicott, Volume 5, 1955 – 1959, eds. Lesley Caldwell and Helen Taylor Ro.

5. Anne Boyer, *The Undying: A Meditation on Modern Illness* (London: Allen Lane, 2019), pp. 76, 239.

6. Melanie Stefan, "A CV of failures", *Nature* 468, 18 November 2010, p. 467.

7. Michael Hamburger, *A Mug's Game: Intermittent Memoirs* (Manchester: Carcanet Press, 1973), pp. 292 – 293; Diana Athill, *Alive, Alive Oh! And Other Things that Matter* (London: Granta, 2015), p. 2.

8. Seymour Krim, "For my brothers and sisters in the failure business", in *Missing a Beat: The Rants and Regrets of Seymour Krim*, ed. Mark Cohen (Syracuse, NY: Syracuse University Press, 2010), pp. 184–185, 178, 186.

9. Martha C. Nussbaum, "Transcending humanity", in *Love's Knowledge: Essays on Philosophy and Literature* (Oxford: Oxford University Press, 1992), pp. 365–391.

第7章 失败的共和国

1. Ursula K. Le Guin, "A left-handed commencement address", in *Dancing at the Edge of the World: Thoughts on Words, Women, Places* (New York: Grove Press, 1989), pp. 116–117.

鸣　谢

我差点就没能写完这本书,就像差点没能写成前一本一样。所以,感谢那些以各种方式帮助我完成这本书的朋友、家人和同事:埃尔斯佩思·格雷厄姆、林西·汉利、扬·安德烈·路德维格森、菲利波·梅诺齐、利亚姆·莫兰、格伦达·诺奎、乔安娜·普莱斯、乔·西姆、格里·史密斯和卡罗琳娜·萨顿。特别感谢温恩·莫兰和凯特·沃尔切斯特阅读了草稿并提出了有益的建议。感谢丹尼尔·克鲁精彩的编辑工作。这本书的所有失败之处均是我自己的过错。

这本书献给乔·克罗夫特,我最亲爱的朋友,一位非常成功的人。